家居漫
装修系

# 软装陈设
# 搭配秘籍

歆静　编著

机械工业出版社
CHINA MACHINE PRESS

本书以手绘漫画的形式，循序渐进地向读者讲解现代室内软装陈设的基础概念、深层内涵以及历史发展渊源，分析了软装设计与室内设计、建筑设计等学科的密切关系，采取手绘漫画图与文字同步的方式，详细讲解了室内软装陈设的多样风格、颜色与家具的搭配等，让读者对室内软装陈设有全新的认识，真正达到快学、快用、全能通的目的。本书不仅介绍软装设计、家具摆设，还详细讲解了色彩设计的基本知识及其在家居软装设计中的搭配方法。本书不仅适合装饰装修设计师、软装设计师以及装修业主阅读，还适合对软装设计感兴趣及热爱生活的读者。

**图书在版编目（CIP）数据**

软装陈设搭配秘籍/歆静编著. —北京：机械工业出版社，2023.7
（家居漫绘装修系列）
ISBN 978-7-111-73421-5

Ⅰ.①软…　Ⅱ.①歆…　Ⅲ.①室内装饰设计—通俗读物　Ⅳ.①TU238.2-49

中国国家版本馆CIP数据核字（2023）第129584号

机械工业出版社（北京市百万庄大街22号　邮政编码100037）
策划编辑：宋晓磊　　　　　　责任编辑：宋晓磊　张大勇
责任校对：郑　婕　张　征　封面设计：鞠　杨
责任印制：张　博
北京利丰雅高长城印刷有限公司印刷
2023年8月第1版第1次印刷
140mm×203mm·5.375印张·158千字
标准书号：ISBN 978-7-111-73421-5
定价：49.00元

电话服务　　　　　　　　　网络服务
客服电话：010-88361066　　机　工　官　网：www.cmpbook.com
　　　　　010-88379833　　机　工　官　博：weibo.com/cmp1952
　　　　　010-68326294　　金　书　网：www.golden-book.com
**封底无防伪标均为盗版**　机工教育服务网：www.cmpedu.com

# 前　言

从不断往返于网上、街上四处搜寻装修公司，货比三家、五家甚至十家后终于敲定了一家满意的装修公司，到一趟一趟地奔波于建材市场、五金市场、灯具市场等地，忙活了大半年，终于等到装修公司撤场，工程完工了。

满心欢喜地请来保洁人员，看着保洁人员娴熟地清理着屋里的装修垃圾、污渍，长长地舒了一口气，终于大功告成了！可是等到地上的垃圾全都清理干净了，装修施工时不慎滴落在地面上、窗台上的油漆也去除了，窗户被擦得明亮如镜……咦！怎么和我想象中的不一样呢？和当初设计师给我看的效果图里的场景也差得太远了吧！可是没错呀，看这吊顶，看这背景墙，还有这扇推拉门……明明都是按照效果图上的样子做的呀，区别在哪呢？

哦！我明白了，原来是家里太空了，客厅还没有沙发，顶棚、墙上也都空空如也。这么一看，原来家居中的软装这么重要呀！

装修尚未结束，软装何止锦上添花，简直是家居装修的再创造。软装设计注重对环境空间的美学提升，注重空间的风格化，体现独特个性。在如今的设计环境中，软装越来越受重视，甚至在某些单套空间的装饰中，软装的造价比例已经超过硬装的造价比例了。

"轻装修、重装饰"已是业界的主流趋势，这种理念其实在国外很早就已经普及，按目前我国的经济发展态势来看，国人的生活水平也将逐渐和国际接轨，这并不是要大家一味模仿外国人的生活方式，只是"轻装修、重装饰"的理念在国外已有多年的历史，并被证实是科学的、合理的家庭装修理念。自然实用，不奢华。生活美学，关乎设计，更关乎心情。

软装是一种情怀，是一种美，更是一种专注，它来源于热爱、来源于事业。

编者

# 目录

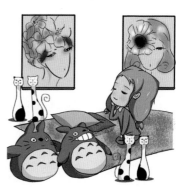

# 第1章

## 软装设计有何用

软装和硬装

多样化的软装设计

软装设计市场有多大

学习难度：★★☆☆☆

重点概念：软装、硬装、多样化、现状

章节导读：软装即软装修、软装饰。软装设计中所涉及的产品主要包括家具、灯具、窗帘、地毯、挂画、花艺、饰品、绿植等。软装设计师根据客户喜好和特定风格，对这些软装产品进行设计整合，对空间按照风格定位进行布置，最终使整个室内空间和谐温馨。

# 1.1  软装和硬装

## 1.1.1  了解软装设计

Ⓠ 装修工人撤场了，装修就算完成了吗？

Ⓐ 当然不是，目前只是装修中的硬装部分完成了，还有软装没做呢！

Ⓠ 硬装是什么？软装又是什么呢？

Ⓐ 简单地说，硬装就是不能移动的装饰工程，也就是由装饰公司完成的那部分。而软装是可以移动的装饰陈设物，大多需要由业主自己或在设计师的协助下搭配并实施完成。

呃～什么都没有，我们家好空啊！

↑建筑室内设计可以称为"硬装设计"，"硬装"是建筑本身延续到室内的一种空间结构，可以简单理解为一切室内不能移动的装饰工程

### ☆装修小贴士

**什么是软装设计**

　　空间中所有可移动的装饰设计元素统称软装，即在室内空间装修之后进行的二次装饰。软装元素主要包括家具、装饰画、陶瓷、花艺绿植、窗帘布艺、灯具、其他装饰摆件等。

　　软装可以根据业主的喜好和特定的设计风格进行设计，最终按照一定设计风格和效果进行软装工程施工，使整个空间达到和谐、温馨、美观的效果。

## 1.1.2　轻装修，重装饰

Ⓠ　轻装修，重装饰，意思是不重视装修，装修过程中偷工减料、以次充好吗？

Ⓐ　当然不是！轻装修，重装饰，是要避免硬装过度，堆砌材料产品，应该更多地去追求软装细节的完美。

Ⓠ　这样做的好处是什么？

Ⓐ　软装容易更换，一旦软装元素不流行了或不喜欢了，可以随时更换，能让人感到仿佛换了新家一样！

Ⓠ　嗯，还有呢？

Ⓐ　当然是更环保了，硬装中即使全部使用高档、昂贵的材料，也避免不了装修污染，相比之下，软装造成的装修污染几乎可以忽略不计。

Ⓠ　嗯嗯，还有没有？

Ⓐ　还有就是更省钱，简化硬装能省下昂贵的人工费。

装饰画要根据个人喜好选择，多作为空白墙面的填充

搁板是承载家居装饰品的良好媒介，能容纳各种器物

落地灯具是边角位置的填充，同时也是重要的辅助照明

↑硬装结束后，可在硬装的基础上给室内空间增添软装饰品，主要摆放在墙面和空间空白处，可以集中摆放装饰画、饰品搁板、落地灯具等，丰富墙面的色彩、造型、照明层次感

### 1.1.3　用软装表现室内风格

　　软装应用于室内空间设计中，不仅可以给居住者带来视觉上的美好享受，也可以让人感觉到温馨、舒适。

　　室内空间的整体风格除了靠前期硬装来塑造之外，后期的软装布置也非常重要，因为软装配饰本身的造型、色彩、图案、质感均具有一定风格特征，对室内风格的塑造能起到更好的表现作用。

白蓝相间色调

灰白色调

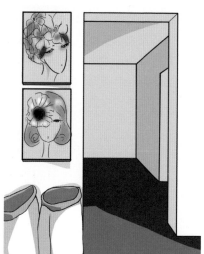

↑白蓝相间的色调能表现简约舒适的风格

↑灰白色系的结合，彰显气质简约风，适合年轻群体

★装修小贴士

**现代城市主打流行色**

　　蓝白色与灰白色是现代城市的主打色，是设计发展的潮流，现代人对自己的生活环境有清晰的认识，能掌握自己的生活。城市建筑景象的主色调进入人们的视线中，给室内装饰带来新的创意点，蓝白色与灰白色是软装陈设中最百搭的背景色，不仅能表现出现代城市气息与氛围，还能将软装陈设品衬托得更明显。

## 1.1.4 用软装营造角落氛围

软装设计对于渲染环境的气氛，具有很大的作用。不同的软装设计可以造就不同的室内环境氛围。例如，欢快热烈的喜庆气氛、深沉凝重的庄严气氛，给人留下不同的印象。

咖啡角落

←咖啡角落是餐厅的组成部分，是工作间隙放松的场所，因此整体风格应该简洁清新，不必过于繁复，可尝试绿色墙面搭配棕色家具，通过色彩鲜艳的图书来丰富视觉效果

餐厅角落

←餐厅角落是人们在忙碌之后聚会或是饱餐的地方，需要运用较为适当的颜色来激发人的食欲，如米黄色、棕褐色

红色、绿色、黄色是常用的营造角落氛围的室内色彩，色彩的细分品种较多，可以根据需要搭配。

←红色是非常喜庆、热情的色彩，因此以红色调的餐厅能够让人焕发活力，很多中式风格餐厅特别喜欢使用红色调

←绿色是一种特别清新明快的颜色，能够带来不一样的舒适感。在餐厅中搭配一些绿色家具，会显得特别亮眼

←黄色是一种特别有活力的色彩，能够营造温馨感。如果想打造素雅的餐厅氛围，可以考虑黄色系搭配

## 1.1.5　用软装调节环境色彩

在现代室内设计中，软装饰品占据的面积比较大。在很多空间里，家具所占面积超过了空间的 40%，再加上窗帘、床罩、装饰画等饰品，软装的颜色对整个空间的色调效果起到很大作用。

1. 原木色家具能完美诠释返璞归真的情调

卧室尽量选择颜色较浅的原木色家具，浅原木色的家具淡雅温馨，有一种简约的情调。

2. 原木色和白色搭配最容易上手

白色能突出原木家具本身崇尚自然、清新宜人的风格，保证室内空间到达简洁明亮的视觉效果。

奶咖色墙面是当前比较流行的色彩，是传统深色家具的背景色

墙面装饰画以白色为基调，边框与家具色彩保持一致

深色家具对纹理没有要求，但是颜色不宜接近黑色，否则会过于沉闷

★装修小贴士

**软装陈设与空间设计的关系**

软装陈设与空间设计是一种相辅相成的关系，犹如枝叶与大树，不可分开。只要空间中存在设计，就会有软装陈设的内容，只是多与少的区别。只要是属于软装陈设设计的门类，必然是处在空间环境中，只是与环境是否协调的问题。二者的关系因时代形势发展而产生变化，形成了以软装陈设为主的设计环境。

## 1.1.6 用软装来随心变换装饰风格

软装的另一个作用是能够让室内空间随时跟上潮流，人们可以通过改变软装陈设随心所欲地改变装饰风格，随时拥有一个全新的风格。例如，可根据心情和四季的变化，随时调整布艺。

绿色窗帘

←清丽的绿色适合春季，给人生机勃勃的感觉，令人每天都充满动力

纱织窗帘

↑轻盈的纱织窗帘随着微风缓缓飘动，洁净的蓝色给夏天带来了凉意

厚重窗帘

↑厚重的窗帘适合冬季的保暖需求，选用暖色调，每一眼都令人心生暖意

# 1.2 多样化的软装设计

(Q) 软装的种类和材料都有哪些呢?

(A) 软装的种类繁多,使用的材料种类也较多,如花艺、绿色植物、布艺、铁艺、木艺、陶瓷、玻璃、塑料制品等,都属于软装装饰材料。

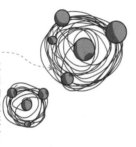

铁艺装饰
铁丝经过艺术处理,被弯曲成不同大小的圆圈,做成壁挂,坚硬的铁与暖光的结合别有风味

镂空陶瓷花瓶
镂空陶瓷花瓶给人一种通透感,外壁的花瓣形状与鲜花呼应,将花瓶与花艺汇集一体

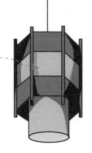

中国风宫灯
木质的中国风宫灯配以暖黄色的灯光,给人感觉仿佛回到了那个年代,古朴的材质给人以亲切感

铁艺摆件
摆件的抽象造型给人一种现代风的感觉,具有简约气质

抱枕
萌萌的布艺抱枕是沙发、床品必备单品之一,温暖又舒适

瓷器摆件
传统仕女形象装饰盘,古香古色,非常适合中式家居环境

## 1.2.1 谷仓门

现代装修界的时髦领跑者，非谷仓门莫属。起源于美式农场的谷仓移门，现在已摇身一变成为网红家居宠儿，无论是在千万豪宅，还是经济适用的小户型，都能见到谷仓门的身影。

木质谷仓门

彩色谷仓门

↑谷仓门高颜值，节省空间，风格不受限制，适用于多种空间。但其私密性与隔声效果较差，目前还没有在市场上完全普及，购买渠道以网购为主

↑除了常见的原木色、白色，家装设计时不妨大胆地采用亮色的谷仓门，以此来提亮整体空间，突显活泼个性

**★装修小贴士**

**谷仓门的优缺点**

谷仓门的优点是美观、节省空间，谷仓门的开关贴合墙面，不占用空间，适用于各种门洞。谷仓门成本低，安装谷仓门比安装普通门更省钱，谷仓门只需一套五金件和门板即可进行组合，一套五金件 200 元左右，门板可以在当地定制。

缺点是密封性不好，谷仓门与墙壁之间有缝隙，所以隔声效果和密封效果并不好，一般不作卧室门使用，会影响到睡眠质量。其他功能区如书房、厨房、卫生间等均可使用谷仓门。此外，谷仓门比较考验墙面的承重能力，谷仓门是一种吊轨移门，它完全靠墙面上的吊轨来承受整个门的重量，所以固定吊轨的墙面要能够承重，不宜在石膏板或轻质墙上安装谷仓门。

## 1.2.2　田园碎花壁纸

　　想要将春季的浪漫和唯美留下，可以选用田园碎花壁纸。田园风格是营造户外感效果最好的风格之一。看似复杂的碎花图案能让整体效果看起来柔和素雅，巧妙地融入周围的环境当中。

中国风印花壁纸

大花图案壁纸

↑中国风印花壁纸能够轻松营造出复古氛围，有一种曲径通幽的安逸感，家居风格因而独具韵味

↑大花图案壁纸是最为方便搭配的一种墙壁装饰，硕大的图案将春天的感觉无限放大，令人更清晰地感受到那种身临其境似的美感

### ★装修小贴士

**壁纸图案搭配方法**

　　1）竖条纹状图案在视觉上可以增加居室高度。稍宽的长条花纹适合用在大空间中，而较窄的条纹用在小房间里比较妥当。

　　2）大花朵图案可以降低居室拘束感。在壁纸展示厅中，鲜艳炫目的图案与花朵最抢眼，有些花朵图案逼真、色彩浓艳，远观真有呼之欲出的感觉，可以降低房间的拘束感，适合格局较为平淡无奇的房间。

　　3）细小规律的图案能增添居室秩序感。有规律的小图案壁纸可以为居室提供一个既不夸张又不会太平淡的背景，家具会在这个背景前充分显露风格特色。

### 1.2.3 Ins 风家居

　　Ins 风通常选择清新自然的色彩为主色调，白色、浅粉、浅灰都是常见的颜色，简单又好看。

　　Ins 风最主要的核心是简约，包括家居设计与整体色系的搭配。在软装设计上，Ins 风还会运用到现代家居元素，如北欧风装饰、绿色植物、原木等时尚元素。Ins 风就是集合了北欧风 + 现代风 +DIY+ 复古风等于一身的综合体。

绿植花艺
Ins 风的绿植以龟背竹、量天尺、空气凤梨、仙人掌等热带植物为主，在桌布、墙布、墙纸、摆件、装饰画中也有体现

灯具
常见灯具造型有长串星星灯、圆球灯等，照明灯具的造型以简洁美为宗旨

挂件摆件
挂件摆放工具有挂网、挂架、挂布、挂画等，铁艺挂网和挂架简直是 Ins 风的代表，挂上照片、首饰、手表等小饰品，稍稍修饰，秒变文艺气质小单品

## 1.2.4　珊瑚色家居

　　近年珊瑚色特别流行，红色太艳，粉色太嫩，珊瑚色则是一款折中色，四季皆可选搭，清新却也热情。

　　珊瑚色是混合了橙色、红色、粉红色、浅橙色和铁锈色的颜色。其先天具有天鹅绒般的视觉质感，使家居空间看起来更明亮，更具有亲和力。如果室内深色家具较多，可以选择珊瑚色。在冷冷的灰色中，加入明亮的珊瑚色，梦幻和温暖的感觉也应运而生。

珊瑚色系窗帘

珊瑚色系木门

→珊瑚色系的木门作为场景点睛处，含蓄优雅、耐人寻味，低调的气质让人过目不忘，可以轻松点亮空间中原本暗淡的角落，更具生机与个性

↑遇上珊瑚色系的窗帘，才猛然醒悟，居然有这样仙气十足的搭配

珊瑚色系家具

→珊瑚色系的家具同样出彩，无论是储物柜、电视柜还是小小的矮凳，这抹颜色都能发挥其耀眼的魅力

## 1.2.5 美人鱼瓷砖

美人鱼瓷砖的独特造型与复古肌理能轻松捕获人的目光，这些鳞片状的瓷砖已经成为一种新流行，越来越多的人选择这种瓷砖装饰自己的房子。这是一种非常微妙的装饰瓷砖，它可以低调，也可以非常高调，只要利用得当，就能起到事半功倍的效果。

厨房美人鱼瓷砖装饰

←颜色清爽的米黄色厨房，非常适合蓝色的加入，加上了美人鱼瓷砖，立刻有了海洋的气息，为装饰简单的厨房增添了更多的画面感

浴室美人鱼瓷砖装饰

←浴室最适合使用这种瓷砖，因为美人鱼瓷砖本来就具有海洋气息，用在浴室最为搭调。可以将淋浴间的某一面墙铺成蓝色的海洋，也可用于装饰整个浴室的墙面或地面，这些都是非常好的选择

## 1.2.6 藤编设计

　　无论是时尚穿搭还是家居设计，田园风都是备受人们喜爱的风格，特别是在春夏，藤编设计更是清爽风格的标志。

　　早在还没有空调冷气的年代，藤编工艺便是春夏季节里的首选设计，那种清新自然的风格和材质能够在炎热的夏季给人带来丝丝清凉。

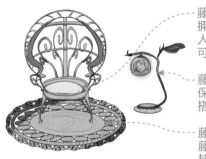

**藤椅**
拥有宽大的外形，坐稳后这种宽松感会让人感到十分舒适，灵活度极高的藤编设计可以轻松搭配家具风格

**藤编灯具**
保留藤条的原色，再加上一些简单的配件搭配，就成了这样的灯具，古朴且温馨

**藤蔓草木地毯**
藤蔓与草木相互交错，地毯的质地异常坚韧，弹性与透气性也好，可以轻松营造出东南亚的复古风格

## 1.2.7 褶皱设计

　　褶皱在时尚、艺术、软装等诸多领域有着出色的表现。主要应用于墙面的设计，可以作为餐厅、卧室或主客厅的背景，也可以应用在家具上，通过垂直或横向的图案纹理装饰出时尚、有设计感的家。

垂直的褶皱背景墙　　　　　　　　　横向的褶皱背景墙

↑垂直的褶皱背景墙将大面积的色块完整分割，整体视觉效果更加流畅

↑横向的褶皱让空间得以延展，视觉效果更具连贯性

# 1.3 软装设计市场有多大

## 1.3.1 软装行业的兴起

🅠 究竟上哪才能找到品种丰富、高性价比的软装产品？

🅐 当然是到专业的软装厂家或市场上购买了！

🅠 软装市场一般在什么地方？

🅐 软装分很多类别，每个类别都有专门的卖场，例如，花艺要到花卉市场购买，沙发布艺要到家居卖场购买等。

　　随着经济全球化的发展，物质的极大丰富给人们带来了琳琅满目的商品，怎样搭配更协调、更高雅、更能彰显居住者的品位，成为一门艺术，于是诞生了软装行业。

←需要为家里添置盆栽或是鲜花，可以到花店里挑选一番，花店的鲜花种类丰富，能满足大多数人的要求

←宜家风格通常简约大方又不失创意，大多使用黑白灰以及原木色系作为家装主色调，清新自然。此外，宜家风格的家具配饰往往具有简约或是充满设计感的造型，营造出简约而不简单的家居空间

## 1.3.2　软装行业的未来趋势

　　软装是市场驱动的特定结晶，是当前时代的必然产物，随着我国设计行业的加速推进，软装设计与空间设计必然会走向同步，并最终合为一体。

欧式风格家具

←欧式风格家具成为越来越多追求品质生活的人士的选择

日式家具

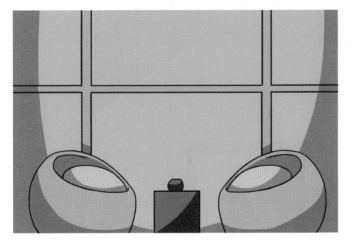

←为了充分体现天然材质之美，日式家具常选用竹、木、藤等作为家具材料

### 1.3.3 个性化与人性化设计

软装要以居住的人为主体，结合室内空间的总体风格，充分利用不同装饰物所呈现出的不同性格特点和文化内涵，使单纯、枯燥、静态的室内空间变成丰富的、充满情趣的、动态的空间。

巨幅人像装饰画

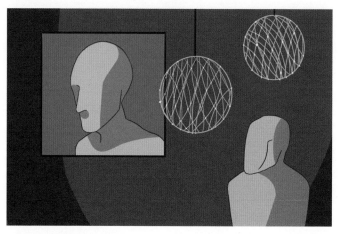

←巨幅人像装饰画、人像雕塑、镂空的灯具，前卫的创意使室内空间不再沉闷

棕色装饰家具

←酒店的装饰色彩以棕色、米色为主，层次丰富，能满足多数人的审美需求

# 第2章

## 成为专业软装设计师

长得像设计师就行了吗?

讲原则，很重要

会 ≠ 专业

成本控制门道多

学习难度：★ ★ ☆ ☆ ☆

重点概念：设计师、设计原则、专业流程、控制成本

章节导读：设计是一种将计划、规划、设想通过视觉形式传达出来的活动过程，设计是艺术与技术的统一，是在这个发展迅猛、多元化的世界里，人类不可或缺的视觉享受。软装设计师通过"设计"这座桥梁，在软装设计领域中创造、创新，提升环境品质。人们常常将设计师和艺术家混为一谈，但要称得上设计师，仅仅用感性和灵感是远远不够的，设计师需要具备更多的能力。

# 2.1 长得像设计师就行了吗

## 2.1.1 成为软装设计师

Ⓠ 未来我想和你一样，成为一名优秀的软装设计师，你觉得怎么样？

Ⓐ 呃，其实，软装设计师没你想的那么简单！

Ⓠ 软装设计不就是往房子里堆东西吗？谁都可以当软装设计师吧！

Ⓐ 谁说的！软装设计师必须具有非常丰富的专业知识，宽广的文化视野，还有创新精神等特质。

技多不压身！能成为设计师的人都是"超人"。

★装修小贴士

**软装设计师与室内设计师的区别**

　　室内设计师主要是对建筑室内空间的六大界面，按照一定设计要求，进行二次处理，也就是对通常所说的顶棚、墙面、地面进行处理，包括对分割空间的实体、半实体等内部界面的处理。所需软件为 3ds max、AutoCAD 等，要能绘制效果图和具有熟练的手绘功底，还需要掌握建筑中的硬件设施。

　　软装设计师则是根据现有的室内环境，配合业主的生活习惯，打造一个舒适科学的生活空间。不需要复杂的专业软件，只要热爱生活，对软装设计有极高的兴趣，具有一定的生活阅历及品位，就可以成为很好的软装设计师。整个工作流程以挑选软装产品为主，所需软件为 SketchUp、Photoshop。

## 2.1.2 软装设计师应具备的能力

1. 注重空间使用者的生活方式

一个空间从家具、布艺、灯具，到绿植、花艺、挂画，都需要设计师不断去加强和提升美感，同时体现使用者的品位，需要设计师对环境空间与使用者的特征进行观察、表述，最终演绎出来。

2. 良好的沟通能力

在与业主沟通时，要了解到业主的品位需求、审美需求，才能有针对性地做出他们习惯与喜好的场景。

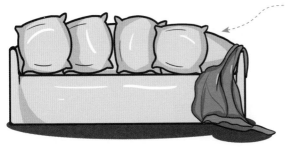

现代年轻人喜欢简洁的沙发

↑白色沙发简洁大方，布面的设计能给人舒适的感觉，并且非常耐用，符合现代年轻人简单随性、不喜烦琐的个性

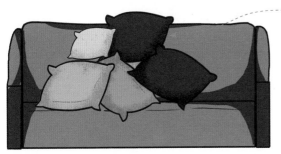

年纪稍长者喜欢绒面抱枕

↑绒面抱枕给人厚重深沉的触感，清冷的深蓝色搭配绒面的质感，符合沉稳睿智的中年人的审美需求

### 3. 不断加强对美感、质感的高品质追求

能设计出来合适的空间效果，在个别产品的选择上拥有独到的眼光，这些能力来源于平时的观察、收集与个人素养，软装设计师要不断加强对美感、质感的高品质追求。

款式新颖的窗户

←窗户设计是装饰装修的一部分，窗户是室内看向外界的通道，一款独具创意的窗户，可以给室内空间带来独特的视觉效果

不同方位与大小的窗户

←结合空间位置与周围景色，可以适当调整窗户的大小和方位，合理的窗户造型能让景色更具魅力

## 2.1.3 软装设计师应具备的素质

### 1. 设计师一定要自信

设计师要坚信自己的经验、眼光、品位，不盲从、不孤芳自赏、不骄、不浮；以严谨的工作态度面对设计，不为个性而设计；有高超的设计技能，即无论多么复杂的设计课题，都能认真总结经验、用心思考、反复推敲、吸取优秀的设计精华，实现创新。

- - - 独具匠心的浴室设计

个性化开放式浴室设计

↑大胆创新，将大量绿植布置在浴室之中

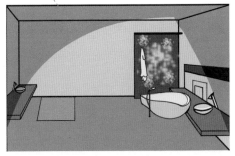

↑开放式浴室更宽敞、通透，使卫浴间摆脱了狭仄幽闭的形象，居住者在泡澡的同时，可以听听音乐、看看电影，悠闲地享受快乐时光

### 2. 设计师应具有职业道德

设计师职业道德的高低和设计师人格的完善往往决定了设计师的水平，设计师的理解能力、把握权衡能力、辨别能力、协调能力、处事能力等将协助他在设计中越过重重障碍。因此，设计师必须注重个人修行。

↓将酿酒桶改造成别致玲珑的浴桶，整面墙都由原生态的木条拼接而成，纱帘带来朦胧的光影效果，再摆上两张躺椅，使得空间有了更多的可能性

### 3. 设计师要懂得自我提升

设计能力的提高必须在不断地学习和实践中实现，广泛涉猎和专注细节是矛盾与统一的。前者是灵感和表现方式的源泉，后者是工作态度。在设计中最关键的是意念，好的意念需要修养和时间去孵化。

←除了硬性材质，大理石花纹还可表现在布艺上，如床单、被套、桌布、灯罩、地毯等

### 4. 设计师需要从多个角度进行考量

有个性的设计往往来自本民族悠久的文化传统和富有民族文化本色的设计思想，民族性、独创性、个性同样是具有价值的。此外，地域特点也是设计师的知识背景之一。

←中式风格的装饰中，书法作品是典型代表，彰显文人气息。除此之外，琳琅满目的陈设品摆放在博古架上，能给人带来极大的成就感

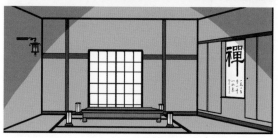

←日式风格的装饰包含少量的中式元素，其独特的木质结构给人带来自然的气息。门一般为推拉门，这符合日本人的生活习惯

# 2.2　讲原则，很重要

## 2.2.1　软装设计原则

Ⓠ　做任何事情都要遵守相应的原则，同理，软装设计是不是也有相关的原则？

Ⓐ　嗯，说到点子上了，确实如此。就拿最简单的家居风格来说！如果家里选择装修地中海风格，那么在客厅内放置一个青花瓷花瓶作装饰，你觉得合理吗？

这肯定不搭吧，与整体风格完全不相融合。

在软装设计中，我们第一步会确定室内的整体风格，然后用相应饰品进行点缀。当然也是要遵循一定原则，才能装扮好室内空间。

## 2.2.2 先定风格后点缀

1. 定好风格，再做规划

在软装设计中，最重要的就是先确定空间的整体风格，然后再用饰品做点缀。在设计规划之初，就要先将业主的习惯、好恶、收藏等全部列出，并与客户进行沟通，使设计在符合空间功能定位和使用习惯的同时满足个人风格需求。

←深蓝色与浅蓝色的瓷砖相结合，很好地营造了海洋的氛围

2. 比例合理，功能完善

软装搭配中最经典的比例分配莫过于黄金分割了。如果没有特别的设计考虑，不妨就用 1：0.618 的完美比例来划分环境空间。例如，不要将花瓶放在窗台正中央，偏左或者偏右一点放置会使视觉效果活跃很多。

←在软装设计时要注意色彩搭配合理、饰物的形状大小分配协调和整体布局的合理完善

### 3. 节奏适当，找好重点

节奏与韵律是通过体量大小不同、空间虚实交替、构件排列疏密、长短变化、曲柔刚直等变化来实现的。

同一个房间切忌使用两种以上的节奏，否则容易让人无所适从、心烦意乱

一个空间中只能有一个视觉中心（布置上的重点），以此打破单调感，形成主次分明的层次美感

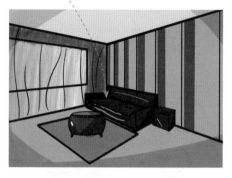

↑卫生间的重点为红色和黄色，红色的瓷砖和洗手池配以黄色的向日葵和浴缸，形成巧妙的搭配

↑客厅的视觉中心为茶几，造型别致，为中国传统大鼓的样子，深厚的红色与其他家具配合完美

### 4. 多样配置，统一协调

软装布置应遵循多样与统一的原则，根据大小、色彩、位置使饰品与家具构成一个整体。

家具风格和格调统一，点缀饰品、摆件等细节，进一步提升居住环境的品质

调和是将对比双方进行缓冲与融合的一种有效手段，可以用暖色调或柔和布艺调和

↑面盆使用了青花瓷元素，增添了一丝复古韵味，金色镶边的圆镜边框更加深了年代感

↑独特的暖色系应用与小碎花结合，装饰画的点缀提升了居住环境的品位

# 2.3   会≠专业

## 2.3.1   硬装设计与软装设计

💬 在国外，软装设计是在硬装设计之前就开始介入，或与硬装设计同时进行，我国的基本操作流程是怎么样的呢？

🅰 操作流程基本是：硬装设计确定后，再由软装公司设计方案，甚至是在硬装施工完成后，再由软装公司介入。

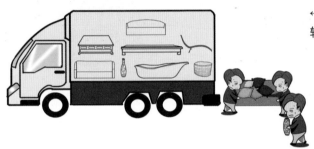

←硬装施工完成后，软装到场开始介入

## 2.3.2   前期准备

1. 完成空间测量

观察空间，了解硬装基础，测量空间的尺寸，并给各个角落拍照，收集硬装节点照片，绘出室内空间的基本平面图和立面图。

→测量绘制户型图，用坐标箭头来表明长与宽，门窗宽度分别用字母 M 和 C 标明

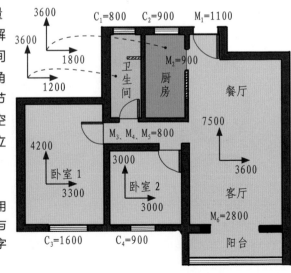

$C_1=800$  $C_2=900$  $M_1=1100$

3600

3600

1800

1200

卫生间

$M_2=900$

厨房

餐厅

7500

$M_3、M_4、M_5=800$

4200

3000

卧室 1

3300

卧室 2

3000

3600

客厅

$M_6=2800$

$C_3=1600$   $C_4=900$

阳台

**软装设计的误区**

1）过于喧宾夺主的装饰漆：装饰漆可以为空间增添一抹亮色，但关键在于掌握好使用的程度，使用过量则会显得过于俗气。

2）直射顶灯：避免从上向下直射灯光，否则人在灯下时，面部会有大面积阴影，可以将顶灯普通开关改为调节器开关，或让顶灯安装位置靠边角。

3）不成比例的台灯：不要强硬地去创新，简单的搭配也很出彩。

4）被束缚的抱枕：不要用过大过鲜明的抱枕使客厅的布局显得过于正式。

5）孤立的光源：好的灯光效果关键在于不同高度的灯光所产生的层次。不要仅依靠一种光源照明，可以将各种顶灯、地灯、台灯混合搭配使用。

6）忽视窗户：除了涂料，窗饰是改变整个房间观感最容易、最便宜的方法。

## 2. 与客户进行探讨

从空间动线、生活习惯、文化偏好、宗教禁忌等方面与业主进行沟通，了解业主的生活方式，捕捉客户深层的需求点，详细观察并了解硬装现场的色彩关系及色调，控制软装设计方案的整体色彩。

↑沙发选择与墙面相近的蓝色系，整体色彩时尚且富有个性

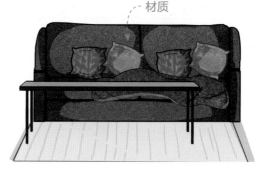

↑冬天需要稳重深沉的颜色来突出冬季的深邃氛围，在沙发颜色的选择上可以选择深色系

### 3. 软装设计方案初步构思

综合以上环节的结果进行平面草图的初步布局，将拍照后的素材进行归纳分析，初步选择软装配饰。

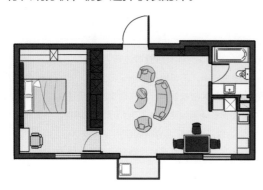

←设计中，整体色调选用了偏米白色的设计，增加暗红色点缀，暗红色的大气符合新古典主义风格的设计主题

根据初步的软装设计方案的风格、色彩、质感，选择适合的家具、灯具、饰品、花艺、挂画等。

←柜子具有典型的古典美，柔软的装饰线条，纤细优美的桌脚，干净、不拖泥带水

### 4. 签订软装设计合同

与业主签订合同，尤其是定制家具部分，确定定制价格，确认厂家制作、发货的时间和到货的时间，以保证不会影响正常安装的进度。

签合同

### 2.3.3　中期配置

1. 二次空间测量

在软装设计方案初步成型后，软装设计师带着基本的构思框架到现场，对软装设计初稿反复考量，现场感受设计的合理性，对细部进行纠正，并全面核实饰品尺寸。

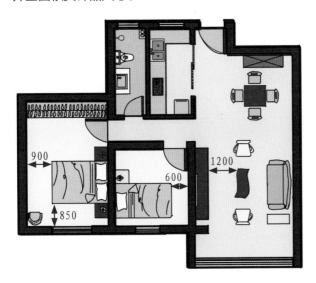

←实际家具布置

2. 制定软装设计方案

在软装设计方案被业主初步认可的基础上，对配饰进行调整，明确本方案中各项软装配饰的价格及组合效果，按照设计流程出台正式的软装设计方案。

3. 讲解软装设计方案

为业主系统全面地介绍正式的软装设计方案，并在介绍过程中征求所有家庭成员的意见并做好记录，以便下一步对方案进行归纳和修改。

4. 修改软装设计方案

向业主讲解完方案后，还要深入分析业主对方案的理解程度，让业主了解软装方案的设计意图。同时，软装设计师也应针对业主反馈的意见对方案进行调整。

### 5. 确定软装配饰

先与软装配饰厂商核定价格及库存，再与业主确定配饰，最后与厂商签订采买合同。

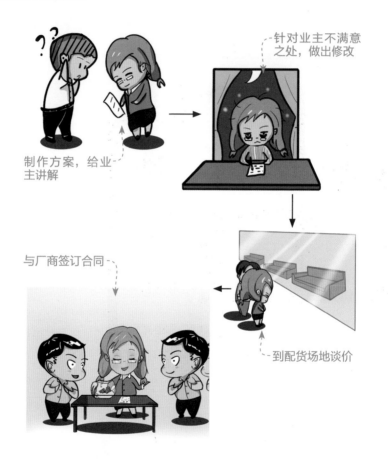

### 6. 进场前产品复查

软装设计师要在家具未上漆之前，亲自到工厂验货，对材质、工艺进行初步把关。在家具即将出厂或送到现场时，设计师要再次对现场空间进行复核。

### 7. 进场时安装摆放

配饰产品到场时，软装设计师应亲自参与摆放，软装配饰的组合摆放要充分考虑到各个元素之间的关系以及业主的生活习惯。

### 2.3.4　后期服务

软装配置完成后，应适时对软装配饰整体进行清洁、回访跟踪、保修勘察及送修，为业主提供一份详细的配饰产品手册。包括窗帘布艺的分类，布料的选购、清洗，摆件的保养，绿植的养护，家具的保养等。

# 2.4 成本控制门道多

## 2.4.1 成本核算

**Q** 我觉得软装项目报价贵了点，软装预算可以缩减一些吗？

**A** 可以，软装物品的品种繁多，同种类别的产品也有高、中、低档之分。软装设计师会从楼盘的位置、资源、项目本身来估算整个硬装和软装的费用。

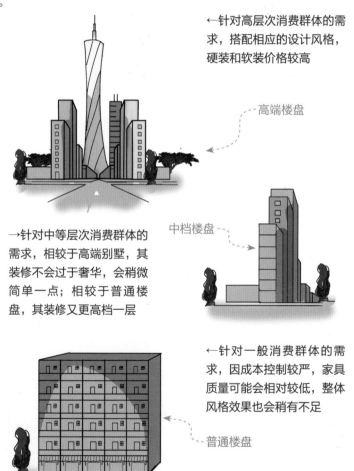

←针对高层次消费群体的需求，搭配相应的设计风格，硬装和软装价格较高

高端楼盘

→针对中等层次消费群体的需求，相较于高端别墅，其装修不会过于奢华，会稍微简单一点；相较于普通楼盘，其装修又更高档一层

中档楼盘

←针对一般消费群体的需求，因成本控制较严，家具质量可能会相对较低，整体风格效果也会稍有不足

普通楼盘

## 1. 甲方客群定位

位置较好、售价高，销售目标针对高层次人群

←要配置一些质量优、材质高级、设计独特的高档产品

位置比较偏远，客户定位不是太高

←严格控制成本，主要侧重把握效果，在材质的选择上要充分考虑成本因素，价格控制在合理水平

## 2. 项目用途定位

项目的不同用途会导致软装配置的侧重点也不同，住宅类样板房比较注重生活的舒适性和享受性。办公类空间主要要求陈列物大气、简洁、具有艺术性，材质无需太过讲究。

样板房的设计由于装修效果好，价格适中，成了抢手货

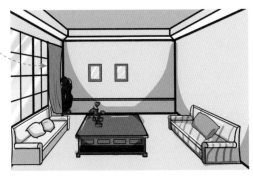

→好的样板房不但能起到展示楼盘良好形象的作用，还能更好地促进销售，产生直接的经济效益

住宅办公区软装陈设简洁，但是不可缺少必要的墙面招贴或装饰画

→目前在住宅中设置办公区很流行，办公区的软装设计需要考虑到公司文化、不同功能空间的划分，还有员工的工作环境，要向员工展示公司的文化，还要把公司的实力展现给客户

### 3. 产品采购成本

软装物品的价格主要看品牌、材质、做工以及设计理念。同样的产品，外形上非常接近，但因材质不同，价格会相差非常多。

进口手工玻璃杯

←同类型的水杯比比皆是，但因有"国外进口"的噱头，再加上水杯的独特造型和色彩，让这款水杯的身价瞬间暴增

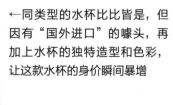

→这两款高脚酒杯的造型与普通酒杯无异，唯胜在其局部独特的色彩点缀，但没有进口的"头衔"，其身价相较而言比较低廉

国产水晶酒杯

### 4. 产品研发成本

优秀的软装企业大多有研发中心，为了把效果做到最好，家具、布艺、画品等，都应尽可能自己去设计研发。虽然从人员培养到研发材料是一笔不小的开支，但是自身拥有的这些知识产权，就是后期业绩增长的法宝，同时随着业务量的增长，成本单价会逐步减少。

**5. 产品的附加成本**

在核算产品本身的基础成本后，一定不能忽略产品的附加成本，如税金、保证费、运费、安装费等。

**6. 企业管理及运营成本**

软装设计的成本中当然应该包含企业运营所产生的各种费用，需要每家企业根据自身的经验来确定比例。

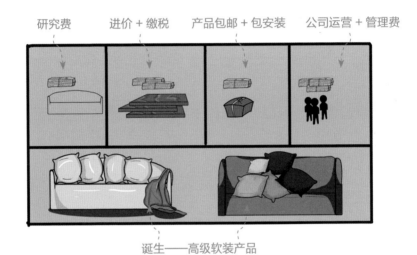

诞生——高级软装产品

★装修小贴士

**控制软装成本**

1）确定装修风格：购买软装产品前要确定装修风格，避免购买回来的软装产品与居室风格不搭，最后不想屈就，就只能再花钱了。

2）购前要做计划和预算：根据房间尺寸详细规划家具的摆放位置和预计添购家具的尺寸，以此来确定需要购买的产品，并预估这些产品的大概费用，避免超支。

3）提前预设空间焦点：每个房间都需要一个视觉焦点，这样能让眼睛有重点停留的地方且突显房间具备的功能，避免整个屋子都是焦点或一个焦点都没有。

4）前后顺序不能颠倒：先选定喜欢的布料或织品再粉刷墙面，比先粉刷墙面再选定喜欢的布料或织品更容易搭配。

## 2.4.2　合同文本

一份有效的软装项目合同是甲乙双方利益的有效保证。整套的《软装合同书》需要包含：封面、软装项目设计任务书、整体软装配饰意向协议书、整体集成软装服务合同书、变更联系单、验收单等。

起草合同

↑软装合同书包括所有软装过程中的各项条款，明确双方责权关系，完整的合同页数应当不低于5页。合同一般是由软装企业提供，因此签订合同时条款一定要阅读清楚，对于不利的条款一定要要求企业修改，重新打印签订

## 2.4.3　报价模板

### 1. 核价单

核价单是指设计师根据软装方案细化的产品列表清单，表格内要详细注明项目位置、序号、所报产品名称、图片、规格、数量、单价、总价、材质以及必要的备注。需要分别制作家具、灯具、窗帘、饰品等表格，根据不同的供应商制作具有针对性的核价单，之后发给相应的合作商以此确定产品的底价。

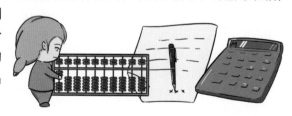

表 2-1　材料核价单（空白模板）

项目名称：　　　　　　　　　编号：　　　　　　　　　日期：

| 序号 | 材料名称 | 规格型号 | 生产厂家 | 单位 | 数量 | 申报单价 | 核定单价 | 使用部位 | 备注 |
|------|----------|----------|----------|------|------|----------|----------|----------|------|
|      |          |          |          |      |      |          |          |          |      |
|      |          |          |          |      |      |          |          |          |      |
|      |          |          |          |      |      |          |          |          |      |

注：以上材料所写的数量为初步统计数量，与实际数量可能会有出入，仅作为参考。

2. 分项报价单

分项报价单是在核价单的基础上编制的。编制分项报价单时，要注意根据产品实际情况对材质、颜色、尺寸、备注等项目进行调整，尤其要注意大件产品的运费一定要计入成本核算。

表 2-2　软装装饰画报价单

单位：元 / 幅

| 类别 | 特征 | 预算估价 |
|------|------|----------|
| 印刷品装饰画 | 装饰画市场的主打产品，是由出版商从画家的作品中选出优秀的作品，限量出版的画作 | 160 ~ 220 |
| 实物装裱装饰画 | 新兴的装饰画画种，它以一些实物作为装裱内容 | 350 ~ 430 |
| 手绘装饰画 | 艺术价值很高，价格偏高，具有收藏价值 | 550 ~ 670 |
| 油画装饰画 | 具有贵族气息，属于纯手工制作，可根据需要临摹或创作 | 420 ~ 500 |
| 木制画 | 以木头为原料，裁切下料后用胶粘合而成 | 220 ~ 270 |

（续）

| 类别 | 特征 | 预算估价 |
|------|------|----------|
| 摄影画 | 主要为国外翻拍作品，具有观赏性和时代感 | 160 ~ 200 |
| 丝绸画 | 比较抽象，有新奇的效果，别具一格 | 380 ~ 460 |
| 编织画 | 以毛线、细麻线等为原料，纺织成色彩比较明亮的图案 | 250 ~ 300 |
| 烙画 | 在木板上利用高温烙制出图案，色彩稍深于原木色 | 650 ~ 1000 |
| 动感画 | 装饰画新贵，以优美的图案、清亮的色彩、充满动感的效果赢得众多消费者的青睐 | 130 ~ 190 |

### 3. 项目汇总表

各分项报价完成后，就要制作一份由家具、灯具、窗帘、饰品等分项组成的报价汇总表。在报价汇总表中，可以很清楚地看到每个分项所需要花费的金额和该分项占整个软装项目的比例。

表 2-3 软装项目汇总表

| 区域 | 产品 | 规格材质 | 数量 | 单价 /元 | 总价 /元 |
|------|------|----------|------|----------|----------|
| 卧室 | 床（次卧） | 1.5m | 1 | 599 | 599 |
| | 床（主卧） | 1.8m | 1 | 4000 | 4000 |
| | 床垫 | 1.8m、1.5m，榻榻米 | 3 | 2000 | 6000 |
| | 床头柜 | 实木 | 1 | 300 | 300 |
| | 椅子（书桌前） | 实木 | 1 | 150 | 150 |
| | 梳妆台 | 实木 | 1 | 500 | 500 |

（续）

| 区域 | 产品 | 规格材质 | 数量 | 单价 /元 | 总价 /元 |
|---|---|---|---|---|---|
| 卧室 | 窗帘 | 2.8m×4.2m，遮光 | 1 | 520 | 520 |
| 客厅 | 沙发 | 布 | 1 | 5000 | 5000 |
| | 灯 | 水晶玻璃 | 1 | 300 | 300 |
| | 茶几 | 1.2m×0.6m | 1 | 1000 | 1000 |
| | 地毯 | 1.6m×2.3m，羊毛 | 1 | 755 | 755 |
| | 电视柜 | 2m | 1 | 1500 | 1500 |
| | 绿色植物 | 吊兰、芦荟、绿萝等 | 5 | 30 | 150 |
| | 窗帘 | 2.8m×4.5m，遮光 | 1 | 580 | 580 |
| 餐厅 | 餐桌 | 实木 | 1 | 2708 | 2708 |
| | 灯 | 水晶玻璃 | 1 | 195 | 195 |
| | 茶具 | 6 个杯，1 个壶 | 1 | 150 | 150 |
| | 餐具 + 骨碟 | 10 个碗，6 个盘 | 1 | 122 | 122 |
| | 筷子、勺子 | 10 双筷子，5 个勺子 | 1 | 80 | 80 |
| 阳台 | 花架 | 实木 | 1 | 80 | 80 |
| | 升降衣架 | 不锈钢 | 1 | 182 | 182 |
| 厨房 | 橱柜 | 1.8m×0.8m×0.55m | 1 | 1899 | 1899 |
| 卫生间 | 盥洗盆 | 陶瓷 | 1 | 198 | 198 |
| | 坐便器 | 陶瓷 | 1 | 488 | 488 |
| | 浴缸 | 陶瓷 | 1 | 2158 | 2158 |

## 2.4.4 控制预算有门道

**1. 严格控制大面积的主材**

主材的选择方向是平庸、大品牌、特价。平庸指的是型号，可能已经过气了，也没特色，但不会难看，这种型号竞争力低，购入成本可以压得较低。大品牌，有质量和安全性的保障，用着放心，售后有保障。

**2. 隐形的材料值得花费**

可能很多新入行的设计师无法理解，为什么花钱花在看不到的东西上，但是房屋日后的使用寿命主要取决于这些看不到的东西。

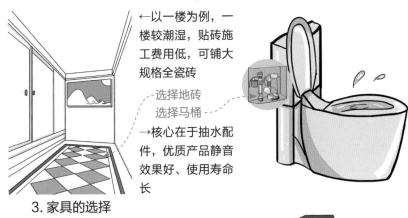

←以一楼为例，一楼较潮湿，贴砖施工费用低，可铺大规模全瓷砖

选择地砖

选择马桶

→核心在于抽水配件，优质产品静音效果好、使用寿命长

**3. 家具的选择**

家具分为固定家具和活动家具两大类，家具材料一般是中密度纤维板、颗粒板、多层胶合板、指接实木板。其中中密度纤维板、颗粒板属于人造板，多层胶合板、指接实木板属于天然木板。

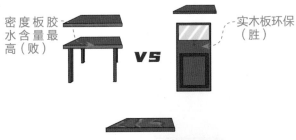

密度板胶水含量最高（败）

VS

实木板环保（胜）

定制实木固定家具更高级，隐性收费多（败）

VS

定制实木活动家具更划算（胜）

# 第3章

# 软装风格与流派大全

学习难度：★ ★ ★ ★ ☆

重点概念：风格、新中式、地中海、东南亚

章节导读：软装的风格应在硬装风格讨论时一并解决，如果空间的风格是现代简约，软装的搭配风格当然不会是古典的，反之亦然。软硬装的风格保持一致是最基本的规则。

# 3.1 新中式风格

## 3.1.1 新中式风格家居设计手法

Ⓠ 你知道新中式装修风格吗?

Ⓐ 我大中华上下五千年,岂能不知!

Ⓠ 这样吧,我来考考你。我们都知道中国文化有着独特的韵味,你知道新中式风格沿用了哪些传统元素吗?

Ⓐ 这个嘛,有很多呀,像中式的古典家具、古典画屏风、木雕屏风还有古代的灯笼等。虽然增加了许多现代设计在里面,但是那种雅致、自然的古典韵味可是有增无减的。

设计上采用现代手法诠释中式风格,将古典建筑元素进行提炼,与现代审美相融合,形式比较活泼,用色大胆,结构也不必非要讲究中式风格的对称,家具除红木以外也有更多的选择来混搭。在软装配饰上,如果能以一种东方人的"留白"美学观念来控制节奏,更能显出大家风范。

↑深蓝色碎花桌布是该设计的点睛之笔,怀旧的情感随之被调动,整体的色调较为朴素,白色与原木色烘托出淡雅的气氛。传统中式宫灯、砖墙、竹帘都是中式风格的典型要素

## 3.1.2 新中式风格家居常用元素

### 1. 家具

新中式家具结合了古典家具和现代家具的特色，以明清家具为代表，新中式风格家居中以线条简练的明式家具为主，有时也会加入陶瓷鼓凳等装饰。

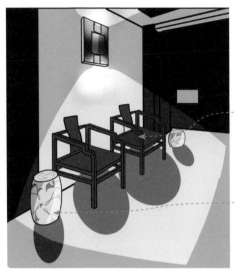

←完全保留了明清家具的特点，颜色与造型都在极力还原，除此之外，还添加了陶瓷鼓凳，起到点睛的作用

中式传统造型椅

陶瓷鼓凳

### 2. 抱枕

如果空间内中式元素比较多，抱枕一般选择简单、纯色的款式。中式元素较少时，可以赋予抱枕更多的中式元素，如花鸟、窗格图案等。

→丝绸总是带着特有的东方韵味，纯色的抱枕搭配花鸟刺绣相得益彰，为简单的造型增添了些许趣味

丝绸抱枕

### 3. 窗帘

窗帘多为对称设计,帘头较简单,运用一些拼接方法和特殊剪裁制成。布料方面可选仿丝材质,用金色和红色作为陪衬,可表现出华贵大气的视觉效果。

 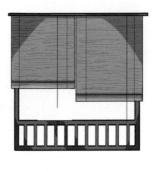

↑窗帘设计灵感来自中国传统建筑中的花窗,对其形象进行提炼,重复排列成花纹应用于窗帘之上

↑竹帘采用楠竹材质,具有浓厚的禅意,适合多种类型的窗户,遮光效果好,有一种朦胧美

### 4. 屏风

新中式风格常常会用到屏风的元素,起到隔断空间的作用,一般用在面积较大的空间内,或作为沙发、椅子、床头的背后装饰。

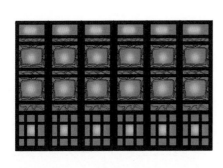 

↑做工精美,花纹采用中式传统符号,颜色选择黑色与金色搭配,突显奢华感

↑屏风为白蜡木材质,榫卯结构,图案为手绘花鸟,画芯采用仿纱面料,具有半透明效果

### 5. 饰品

除了传统的中式饰品，搭配现代风格的饰品或富有其他民族韵味的饰品，也会给新中式空间增加文化氛围。如以鸟笼、根雕等为形象的饰品，会给新中式环境增加大自然的风情，营造出休闲、雅致的古典韵味。

### 6. 花艺

新中式风格的花艺设计以"尊重自然、利用自然、融合自然"的自然观为基础，植物选择枝杆修长、叶片飘逸、花小色淡的种类，如松、竹、梅、菊花、柳枝、牡丹、茶花、桂花、芭蕉、迎春、菖蒲、水葱、鸢尾等，创造出富有中国文化意境的花艺小品。

↑陶瓷材质的台灯，山水图案散发出艺术的气息，精致细腻的陶瓷灯体在光线的照射下光泽感强烈

↑中式花艺是东方花艺美学的鼻祖。常以瓶、盘、碗、缸、筒等为花器，皆雅致感十足

★装修小贴士

**新中式风格与传统中式风格的区别**

传统中式风格讲究造型对称，缺乏现代气息，强调壮丽华贵。新中式风格讲究传统元素和现代元素相结合，强调清雅含蓄。新中式风格作为传统中式风格的现代设计理念，提取传统元素精华和生活符号进行合理搭配、布局，使整体设计中既有中式传统韵味，又符合现代人的生活特点，让古典与现代完美结合，传统与时尚并存。

# 3.2　地中海风格

## 3.2.1　地中海风格家居设计手法

🅠 为什么地中海风格家具总给人旧旧的感觉?

🅐 那是因为在材质上,地中海风格家具一般选用自然的原木、天然的石材等,设计上选择一些做旧风格,搭配自然饰品,想给人一种风吹日晒的海边的感觉。

🅠 这么说地中海风格是以海洋为主题?

🅐 地中海风格通常将海洋元素应用到空间设计中,给人明快的舒适感。

　　地中海风格源于地中海沿岸,是海洋风格的典型代表。无论是家具还是建筑,都具有一种独特的浑圆造型。拱门、半拱门窗、白灰泥墙是地中海风格的主要特点,常采用半穿凿或全穿凿的方式塑造墙面造型,增强实用性和美观性,给人一种延伸的感觉。

↑拱形门只适合层高较高的户型,小户型可以适当运用一些拱形的装饰,如拱形的装饰墙面、拱形镜子等。马赛克镶嵌、拼贴在地中海风格中属于较为华丽的装饰,一般用马赛克、小石子、瓷砖、贝类等素材创意组合。在卫生间内镶嵌马赛克是地中海风格的首选

## 3.2.2 地中海风格家居常用元素

### 1. 家具

家具最好选择线条简单、圆润的造型，并且有一些弧度，材质上最好选择实木或藤制的，沙发也可以是布艺的。

→沙发低彩度、线条简单且边角浑圆，布料上的碎花图案体现出较随意的生活氛围

### 2. 灯具

灯具通常会配有白陶装饰部件或手工铁艺装饰部件，灯臂或中柱部分会进行擦漆做旧处理。地中海风格的台灯会在灯罩上运用多种色彩，造型往往会设计成地中海独有的美人鱼、船舱、贝壳等造型。

↑吊灯以风扇为造型，铁艺元素与马赛克镶嵌结合，颜色仍是蓝白结合，在灯光下看起来非常绚丽

↑壁灯设计成了美人鱼的造型，在温暖的灯光下，美人鱼举着灯仿佛在为路人指明方向

### 3. 布艺

窗帘、沙发布、餐布、床品等软装布艺一般以天然棉麻织物为首选，由于地中海风格也具有田园气息，所以使用的布艺面料经常带有低彩度的小碎花、条纹或格子图案。

↓格纹作为经典的符号，低调、亲切又颇有舒适感，搭配精致的剪裁工艺，形成了弧线的半帘之美。沙发线条是有一定弧度的，显得比较自然，形成一种独特且浑圆的造型

## 4. 饰品

主要选择与海洋主题有关的各种饰品，如帆船模型、救生圈、水手结、贝壳工艺品、木雕上漆的海鸟和鱼类等，也包括独特的锻打铁艺工艺品，各种蜡烛架、钟表、相架和墙面挂件等。

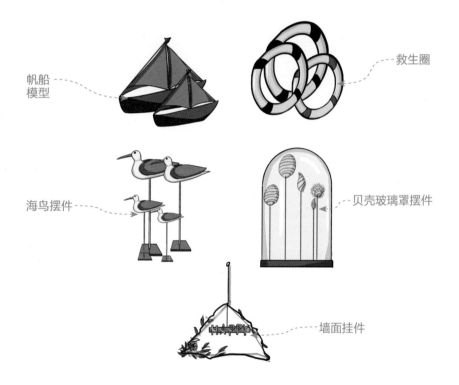

帆船模型 ······

救生圈

海鸟摆件 ······

贝壳玻璃罩摆件

墙面挂件

★装修小贴士

**大地色系的地中海风格**

石头、木头、水泥和粗糙墙面，这种充满肌理感的大地色系元素，与古希腊的传统住宅有密切关系。沿海地区的希腊民居最早就喜欢用灰泥涂抹墙面，然后开大窗，让地中海海风在室内流动。灰泥涂抹墙面带来的肌理感和自然风格一直沿袭到了现在。"亮蓝 + 纯白 = 地中海风格"是有些片面的，使用更温柔质朴的大地色系，才是最自然、最真实的地中海风格。如果预算充裕，可以把墙面刷出肌理感，地面甚至可以使用水泥自流平，顶棚上的横梁保留原有的木头质感就可以了。

### 5. 绿植

一些小巧可爱的盆栽让空间显得绿意盎然，就像在户外一般。餐桌上可以放些雏菊，阳台上可以放绿萝，吊兰也不错。还可以在角落里放置一两盆富贵竹或散尾葵，或者放置爬藤类的植物，如鱼尾葵等，制造出一大片绿意。

绿萝

吊兰

满天星

蟹爪兰

木槿花

# 3.3 东南亚风格

## 3.3.1 东南亚风格家居设计手法

**Q** 你知道东南亚设计风格是怎样诠释禅意的吗？

**A** 东南亚有较多人信奉佛教，因而可将对佛教的信仰融入空间设计之中。诸如以佛祖的石像为装饰，以佛教的荷花为装饰壁画等。除此之外，东南亚风情总是散发着异域的魅力，居室内满眼都是浓烈的色彩。

**Q** 是因为充满异域情调的家居风格，还是配饰单品？

**A** 也不尽然，东南亚复杂的地域和历史构成，也决定了其软装风格多变的特征。

东南亚风格的家装延续了东南亚特色，演绎着热带原始风情。东南亚风格的特点是色泽鲜艳、崇尚手工，自然温馨中不失热情华丽，通过细节和软装来演绎原始自然的热带风情。相比其他设计风格，东南亚风格在发展中不断融合吸收各个东南亚国家的特色，极具热带民族原始岛屿风情。

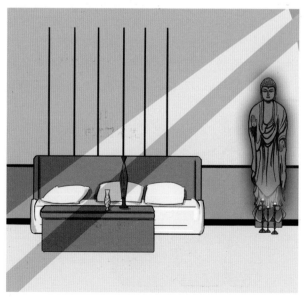

←东南亚风格有很多佛教元素，如佛像、烛台、佛手这样的工艺品很常见。所以想要打造地道的东南亚风格室内空间，这些装饰品必不可少，它让室内环境多了一丝禅意

→大部分东南亚风格的家具由木材、藤、竹等两种以上材料混合编织而成。家具之间的宽、窄、深、浅差异形成有趣的对比。古朴的藤艺家具搭配葱郁的绿化，是常见的东南亚风格表现手法

自然----

←鲜艳浓烈的色彩被运用在布艺家具上，如床帏处的帐幕、窗台的纱幔等，在营造出华美绚丽的风格的同时，还能增添丝丝妩媚柔和的气息

异域---

→大多数东南亚风格装饰元素来源于东南亚国家传统宫殿的室内外装饰，充满了贵族奢华的气息，这种风格运用到今天的普通室内空间时，可在保持整体色调的基础上，简化装饰造型

简约---

## 3.3.2 东南亚风格家居常用元素

### 1. 家具

泰式家具大都体积庞大、典雅古朴，极具异域风情。柚木制成的木雕家具是东南亚风格软装中最为抢眼的部分。此外，东南亚装修风格具有浓郁的雨林自然风情，选用藤椅、竹椅一类的家具比较合适。

### 2. 灯具

灯具大多就地取材，贝壳、椰壳、藤、枯树干等都是灯具的制作材料。东南亚风格的灯具造型具有明显的地域民族特征，如铜制的莲蓬灯，手工敲制的、具有粗糙肌理的铜片吊灯，大象等动物造型的台灯等。

↑东南亚家具大多就地取材，如印度尼西亚的藤与泰国的木皮等纯天然的材质，在视觉上突出天然质朴

竹编的落地灯，其原木色非常符合东南亚风格的特点

铜制的吊灯结合了风扇的功能，扇叶造型为芭蕉叶，极具肌理美感

### 3. 窗帘

窗帘一般以自然色调为主，完全饱和的酒红、墨绿等最为常见。图案造型多反映民族的信仰，棉麻等自然材质为主的窗帘款式往往显得粗犷自然，还拥有舒适的手感和良好的透气性。

### 4. 纱幔

纱幔妩媚而飘逸，是东南亚风格不可或缺的装饰。可以随意在茶几上摆放一条色彩艳丽的绸缎纱幔，也可以把它作为休闲区的软隔断，还可以在床架上用丝质的纱幔绾出一个大大的结，营造出异域风情。

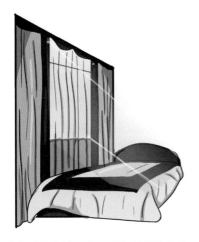

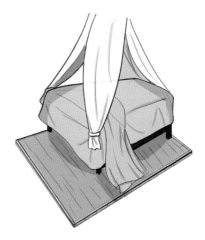

↑东南亚风格常用到暗色系的布艺，窗帘在阳光下散发出温馨浪漫的气息，结合红褐色床品，氛围感极强

↑随意在床上摆放一条素色或色彩艳丽的绸缎纱幔，让幔脚伸延到附着浅浅纹路的柚木地板，随意的皱褶带出点怀旧的味道

**★装修小贴士**

**窗帘保养的注意事项**

1）清洗窗帘前要注意窗帘的材质。窗帘的绑带和配饰如果是手工编织的工艺品，用湿抹布擦掉或吹风机吹掉表面的灰尘即可，不用水洗。

2）为避免窗帘缩水，清洗时的水温控制在 30℃以下，忌用烈性洗涤剂。

3）为避免混合染色，不同颜色的面料要分开清洗。

4）较薄的窗帘不宜使用洗衣机洗，以免损坏。

5）罗马帘需干洗，因为罗马帘对窗型的尺寸要求比较高，水洗窗帘可能会使其变形或缩水。

6）遮光布最好用湿布抹擦，洗衣机会将遮光布后面的涂层洗得斑斑点点。

7）竹帘、木帘要避免接触液体和潮湿的气体，清洁时切忌用水，一般用鸡毛掸子扫或用干布清洁即可。

8）卷帘、百叶窗、垂直帘、百折帘和风琴帘可直接用湿布抹去灰尘。

### 5. 抱枕

泰丝质地轻柔、色彩绚丽、富有特别的光泽，图案设计也富于变化，极具东方特色。用上好的泰丝制成的抱枕，无论是置于椅子上还是塌上，都可彰显出高品位的格调。

→大象图案是东南亚
风格的代表元素之一。
仿麂皮绒面料的提花
抱枕温润舒适，提花
花边与橙色结合，显
得鲜艳华丽

## 6. 饰品

饰品的形状和图案多与宗教、神话相关。芭蕉叶、大象、菩提树、佛手等是常见的饰品图案。此外，在东南亚风格的空间里常会看到一些造型奇特的、金属或木雕的饰品。

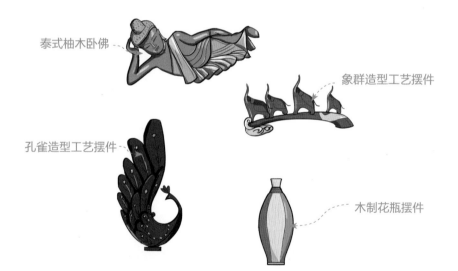

泰式柚木卧佛

象群造型工艺摆件

孔雀造型工艺摆件

木制花瓶摆件

### ★装修小贴士

**东南亚软装风格特点**

　　东南亚风格的特点是色泽鲜艳、崇尚手工，自然温馨中不失热情华丽，通过细节来演绎原始自然的热带风情。由于东南亚气候多闷热潮湿，所以在软装上多用夸张艳丽的色彩打破环境的沉闷，营造华美绚丽的风格，同时还有一丝妩媚柔和的气息。

# 3.4　欧式风格

## 3.4.1　欧式风格家居设计手法

**Q** 不到 $70m^2$ 的小户型应该也能装欧式风格吧？

**A** 呃，欧式风格整体在材料选择、施工、配饰方面上的投入比较高，成本多为同一档次其他风格的数倍以上，所以更适合在较大的别墅、宅院中使用，不适合较小户型！

欧式风格的特点是端庄典雅、华丽高贵、金碧辉煌，体现了欧洲各国传统文化内涵。欧式风格可分为北欧、简欧和传统欧式。欧式风格在形式上以浪漫主义为基础，装修材料常用大理石、多彩的织物、精美的地毯、精致的法国壁挂等，整个风格豪华、富丽，包含丰富的造型元素。

←欧式古典风格最大的特点就是有着传统欧式风格的古典与华丽，一般这个类型的卧室色彩比较庄重，整体装饰比较华丽，细节也十分考究

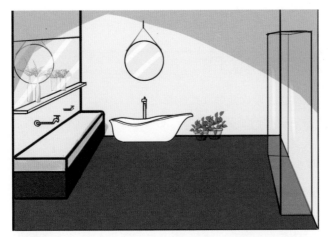

←北欧风格的家具没有那么多欧式特征，更重要的是舒适感。宜家的家具便是北欧风格的代表

←简欧风格的色彩会更加明快、强烈，但也带着欧式风格的传统烙印，那就是白色家具的使用和特别注重家具细节的表现

## ★装修小贴士

### 入户厅吊顶

入户厅吊顶一般有平板吊顶、异型吊顶、局部吊顶、格栅式吊顶、藻井式吊顶五大类型。顶棚做简单的平面造型处理，采用现代的灯具，配以精致的角线，也给人一种轻松自然的怡人风格。不过很多建筑空间因为采光或特殊需要，不但需要吊顶，还需要对顶棚进行特别设计处理。一个构思巧妙的吊顶不但可以弥补空间的缺点，还可以给室内增加个性色彩。

## 3.4.2 欧式风格家居常用元素

### 1. 吊顶

欧式风格的顶棚灯盘造型常做成藻井、拱顶、尖肋拱顶和穹顶的样子。与中式风格的藻井吊顶不同的是，欧式的藻井吊顶有更丰富的阴角线。

→藻井吊顶的前提是，房间必须达到一定的高度，要高于2.85m，且房间较大；它的式样是在房间的四周进行局部吊顶，可设计成一层或两层；此处的造型显得房间更加高阔

### 2. 地板与瓷砖

一般用波打线与拼花来丰富美化地面效果，常用实木地板进行拼花，或用小尺寸块料进行拼花。木材常用胡桃木、樱桃木、榉木、橡木，石材常用爵士白、深啡网、浅啡网、西班牙米黄等大理石。

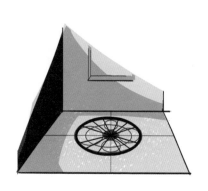

↑除了瓷砖，其实大理石更加符合欧式风格的大气，大理石花纹与图案浑然一体，别具一格

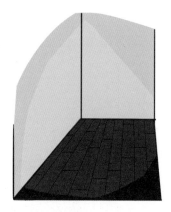

↑胡桃木地板表面涂漆添加光泽感，更显大气端庄

### 3. 墙纸

在现代室内设计中，考虑到经济造价因素，常用墙纸代替丰富的墙面装饰线条或护墙板。带有复古纹样的墙纸是欧式风格中不可或缺的装饰。

←欧式墙纸经常以白色系或黄色系为基础，搭配墨绿色、深棕色、金色等，表现出欧式风格的华贵气质。此处黄色系的花纹墙纸营造出卧室空间温馨的氛围

### 4. 沙发

欧式沙发首先要和装饰环境相匹配，其次需要考虑到周围家具的颜色，色差不宜过大，最好是统一的色系或缓和的过度色，这样才能保证欧式沙发与空间的整体风格一致。

←如果客厅色调较暗，那就应该用明亮的颜色来打破视觉效果上的沉闷

## 5. 饰品

欧式风格的装饰以人物画像、风景画、油画为主，以石膏、古铜等雕工精致的雕塑为辅。具有历史沉淀感的仿古钟、精致的灯具，都可以将空间衬托得无比华贵，将质感和品位完美融合在一起，突显古典欧式雍容大气的特点。

仿古钟　　　欧式长颈花瓶　　　落地灯

### ★装修小贴士

**欧式风格软装的特点**

1) 以华丽的装饰、浓烈的色彩、精美的造型营造华贵典雅的效果。深色的木质家具，色彩华丽的布艺或皮质沙发，浪漫的罗马窗帘、精美的油画和精致的雕塑工艺品，这些都是欧式风格中常见的元素。这类风格的软装对加大空间感能起到一定的作用。

2) 欧式风格讲究造型。欧式风格软装的家具立体感很强，家具表面常有凹凸起伏的线条，家具整体上存在很强的层次感。各种门的造型既突出立体感，又有优美的弧线，两种造型交相呼应。

3) 注重温馨舒适又兼顾浪漫。欧式软装中的灯光是重要元素，灯光颜色以偏黄偏暗为宜，在卧室中可以使用反射照明或局部照明，这类照明既不会显得太亮，又可以营造出舒适、温馨的感觉。

4) 注重细节刻画。传统的欧式风格软装十分注重花纹的运用，为了方便清洗，可以用线条简化的花纹，也能充分体现欧式风格的细节。

# 3.5 日式风格

## 3.5.1 日式风格家居设计手法

**Q** 日式风格是不是给人干净利索的感觉?

**A** 是的,日式风格一般采用清晰的线条,没有过多的装饰物去装点细节,所以使整个空间显得格外优雅、干净。日式风格也特别能与大自然融为一体,借用外在自然景色,为设计带来无限生机。

　　日式风格又称和式风格,推崇 "禅" 境界,使用自然材料,重视实际功能。日式风格适用于面积较小的空间,其装饰自然、简洁、实用。一个略高于地面的榻榻米平台,日式矮桌、草席地毯、布艺或皮艺的轻质坐垫、纸糊的日式移门等,这些都是日式风格重要的组成要素。

↑传统的日式风格将自然界的材料大量运用于装修、装饰中,不推崇豪华奢侈、金碧辉煌,以淡雅节制、深邃禅意为境界,重视实际功能

## 3.5.2　日式风格家居常用元素

### 1. 家具

传统的日式家具在材料上特别注重自然质感。纯正的日式家居少不了榻榻米、格子门、实木家具等传统元素。

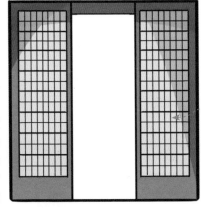

←木框采用桐木，木格子中间是半透明的樟子纸，薄而轻，韧性十足，表现出淡雅朦胧的感觉

-推拉式木格子门

↓暖炉桌是冬日驱寒法宝，与茶几的高度一样，桌面铺着毯子四边垂落，桌底设有发热器，将脚伸进桌底，十分暖和

↓实木矮几与日式暖炉桌是室内空间主要桌类家具

日式暖炉桌

实木矮几

榻榻米

日式矮柜

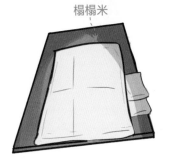

↑传统日本人习惯晚上在"榻榻米"上睡觉，白天将被褥收叠起来

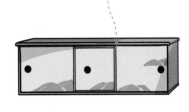

↑日式家具多为低矮造型，使室内空间视野开阔

## 2. 饰品

在古代，日本曾师从中国，从中国学习了大量的先进文化，包括宗教和生活习惯。对日本文化影响最大的时代是中国的唐代。日式风格的饰品也受我国唐代文化影响颇深。

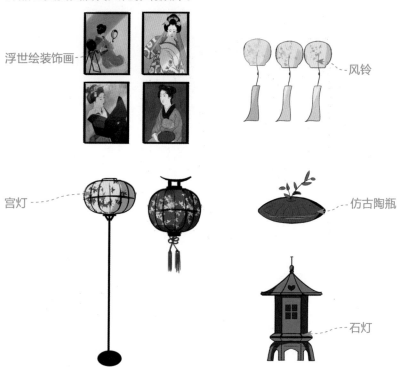

浮世绘装饰画

风铃

宫灯

仿古陶瓶

石灯

★装修小贴士

**日式风格的渊源**

日式家具和日本家具是两个不同的范畴，日式家具只是指日本传统家具，而日本家具还包括日本现代家具。传统日式家具的形制与中国古代文化有着紧密联系。而现代日本家具则完全是受欧美国家的影响。日本学习并接受了中国古代低床矮案的生活方式，一直保留至今，形成了独特、完整的家具体制。明治维新以后，在欧美文化的影响下，西洋家具伴随着西洋建筑和装饰工艺登陆日本，但日式传统家具并没有消亡。时至今日，西方家具在日本仍然占据主流，而日本文化的双重结构也一直延续至今。

# 3.6 田园风格

## 3.6.1 田园风格家居设计手法

🅠 墙纸大多运用砖纹、碎花、藤蔓等图案，或者直接制作手绘墙，这些是田园风格的表现特色吗？

🅐 是的，还有仿古砖，它是田园风格地面材料的首选，自然的质感朴实、清新。

田园风格诠释了田园自然的风情，质朴又舒适。田园风格最初出现于20世纪中期，泛指在欧洲农业社会时期已经存在数百年的乡村家居风格，以及美洲各种乡村农舍的风格。田园风格并不专指某一特定时期或区域。它可以模仿真实的乡村生活，也可以是贵族在乡间别墅里的世外桃源。

↑田园风格最重要的就是花色图案的搭配，要灵活运用素材，不可过多过于浓重，也不可过少过于寡淡。墙面多用粉嫩、清新的姜黄色墙漆或田园风格墙纸

★装修小贴士

**田园软装饰品**

1）碎花布艺　沙发可以选用小碎花、小方格等图案，色彩要选择清新、粉嫩的，以体现田园的舒适宁静。

2）手绘壁纸　选用小碎花图案的壁纸，或者直接制作手绘墙。

3）亚麻桌布　在客厅或餐厅的桌子上铺一块亚麻材质的精致桌布，再摆上几个小盆栽，浓郁的田园风情马上就体现出来了。

4）铁艺灯具　田园风格软装在灯具上可以选择较精致的铁艺灯架，配上格子花纹布艺灯罩，洋溢着纯朴的乡村风格，客厅里配上田园风格吊灯，遥相呼应，具有画龙点睛的效果。

## 3.6.2　田园风格家居常用元素

### 1. 家具

布艺沙发选用小碎花、小方格一类图案，色彩粉嫩、清新，体现田园的舒适宁静。常搭配材料天然、质地坚韧的藤质桌椅、储物柜等简单实用的家具。

### 2. 窗帘

各种风格均可，如美式田园、英式田园、韩式田园、法式田园、中式田园，它们拥有共同的特点，即由自然的颜色和图案组成窗帘的主体，而款式以简约为主。

### 3. 床品

田园风格床品同窗帘一样，都是由带有自然色和自然元素图案的布料制作而成，而款式则以简约为主，尽量不要有过多的装饰。

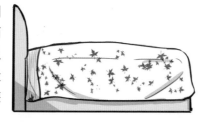

### 4. 桌布

亚麻材质的布艺是体现田园风格的重要元素，在台面或桌子上面铺上亚麻材质的精致桌布，再摆上小盆栽，立即呈现出浓郁的田园风情。

### 5. 花艺

田园风格一般选择满天星、薰衣草、玫瑰等有香味的植物装点氛围。同时将一些干燥的花瓣和香料装在透明玻璃瓶中作为装饰。

# 3.7 新古典主义风格

## 3.7.1 新古典主义风格家居设计手法

**Q** 新古典主义风格传承了古典风格的文化底蕴、历史美感和艺术气息，但是否保留了繁复的装饰？

**A** 保留中有所精简，新古典主义风格"化繁为简"，为硬而直的线条配上温婉雅致的柔性装饰，将古典美注入简洁实用的现代设计中，使空间装饰更有灵性。

新古典主义风格传承古典风格，突显"新"的风格韵味。新古典主义风格在材质上一般会采用传统木制材质，用金粉描绘各个细节，运用艳丽大方的色彩，注重线条的搭配与线条之间的比例关系，令人强烈地感受到传统古典风格的痕迹与浑厚的文化底蕴，但同时摒弃了以往古典风格复杂的肌理和装饰。

←新古典主义风格常用元素包括浮雕线板与饰板、水晶灯、彩色镜面与明镜、古典墙纸、造型顶棚、罗马柱等。地面采用石材拼花，用石材天然的纹理和自然的色彩来修饰人工的痕迹，充分体现奢华的气质。空间布局讲究对称美，给人平稳、端庄的感觉

**★装修小贴士**

**新古典主义装修风格的起源**

新古典主义是在传统美学的规范之下，运用现代的材质及工艺，去演绎传统文化中的经典，不仅拥有典雅、端庄的气质，还具有明显的时代特征。新古典主义作为一个独立的流派，最早出现于18世纪中叶欧洲的建筑装饰设计界。它的精华来自古典主义，但不是仿古，更不是复古，而是追求神似。新古典主义软装设计讲求风格，用简化的手法、现代的材料和加工技术去追求传统样式的基本轮廓特点，注重装饰效果，用陈设品来增强历史文脉特色。

## 3.7.2　新古典主义风格家居常用元素

1. 家具

摒弃古典家具过于复杂的装饰，简化了线条。家具虽有古典家具的曲线和曲面，但少了古典家具的雕花，又多用现代家具的直线条，主要技艺及材料有实木雕花、亮光烤漆、贴金箔或银箔、绒布面料等。

2. 布艺

纯麻、精棉、真丝、绒布等天然华贵的面料都是新古典主义风格的必然之选。窗帘选择香槟银、浅咖啡色等颜色，以绒布面料为主，同时在款式上应尽量考虑设计为双层窗帘。

3. 灯具

灯具以华丽、璀璨的材质为主，如水晶、亮铜等，再加上暖色的光源，达到冷暖相衬的奢华感。

4. 绿植花艺

花艺形式多采用几何对称式布局，有明确的贯穿轴线与对称关系，追求一种纯粹的人工美。

→水晶吊灯做工精美，层叠的灯头、摇曳的吊坠，都彰显了业主的个人品位，淡粉色的灯罩增添了灯具的韵味

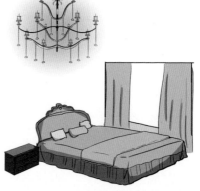

↑花艺设计主要为规则式，以几何体形的美学原则为基础，是新古典主义风格空间不可缺少的点缀

↑绒布面料与曲线增添了古典韵味，简洁的造型又体现了现代的时尚潮流

# 3.8 现代简约风格

## 3.8.1 现代简约风格家居设计手法

**Q** 简约主义的起源是什么？

**A** 简约主义是在 20 世纪 80 年代中期叛逆复古风潮和极简美学的基础上发展起来的。

**Q** 什么是现代简约风格？

**A** 以简洁的表现形式来满足人们对空间环境感性的、本能的需求，这就是现代简约风格。

**Q** 现代简约风格在硬装的选材上有哪些特征？

**A** 现代简约风格硬装的选材不再局限于石材、木材、面砖等天然材料，而是将选择范围扩大到金属、玻璃、塑料、合成材料，并且夸大材料之间的结构关系。

现代简约风格叛逆复古风潮，张扬极简美学。现代简约风格强调少即是多，舍弃不必要的装饰元素，将设计的元素、色彩、照明、原材料简化到最少。现代简约风格对空间的面积和形态要求不高，一般中小户型公寓、平层住宅或办公楼均可。

↑装饰品使用得不多，但每个装饰品都非常独特、精致，造型简单、有个性。在墙面、吊顶这类占整个空间比重较大的地方留白，减少了视觉负担。利用黑白组合搭配出个性化空间效果

## 3.8.2 现代简约风格家居常用元素

### 1. 家具

现代简约风格的家具通常线条简单，沙发、床、桌子一般都为直线，不带太多曲线，造型简洁，强调功能，富含设计或哲学意味，但不夸张。

→讲究展现材料自身的质地和色彩效果，一张沙发、一个茶几、一个酒柜，却显得客厅十分热闹

### 2. 布艺

现代简约风格不宜选择花纹过重或是颜色过深的布艺，通常选择浅色且简单大方的图形、线条，让空间更有线条感。

→浅色淡雅的布艺适用于面积较小的房间，造型简洁，强调实用性

### 3. 灯具

金属是工业社会的产物，也是体现现代简约风格最有力的材料，各种不同造型的金属灯就是现代简约风格的代表元素。

→镂空的麦克风灯罩散发出温暖的光晕，金属色系极具现代感

4. 装饰画

现代简约风格可以选择抽象图案或几何图案的挂画，三联画的形式是不错的选择。装饰画的颜色应当和空间的主体颜色相同或接近，颜色不能太复杂。

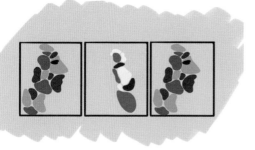

←三幅灰色鹅卵石画，空间的连续性并未受到影响，反而引人注目

5. 花艺

现代简约风格空间大多选择线条简约、柔美，造型雅致或苍劲有节奏感的花艺。线条简单的几何图形是花器造型的首选。色彩以单一色系为主，可高明度、高彩度，但不能太夸张。

6. 饰品

现代简约风格的室内环境，饰品数量不宜太多，摆件饰品多为金属、玻璃或瓷器材质的现代风格工艺品。

 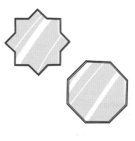 

↑不规则陶瓷花器，多面立体，兼具情怀与品质，层次感强

↑镜子为几何造型，圆润优雅又棱角分明，常用黑白与浅铜金色装饰，简约大方、时尚又不失经典

↑优雅、浪漫的情调成就了火烈鸟在软装装饰图案中的地位，粉色清新灵动，增添了空间趣味

# 3.9 案例解析——灵气趣味性空间

客厅是平常娱乐休闲活动比较多的地方，小户型客厅的布置应以简约大气为主，在家具家电的选择上也应遵循这个原则，否则会显得客厅局促而狭小。

客厅沙发

↑每一件家具、每一盏灯具、每一幅艺术品都充满灵气，斑马纹簇绒地毯添加了空间的层次感

客厅茶几

↑小户型客厅在电视的选购上应以小巧、精致为主。茶几也有大小形状之分，小巧的茶几可以最大限度地节省客厅的空间，圆形的茶几活泼精致，非常适合有孩子的家庭

客厅凳子

↑红色、蓝色的凳子，造型出众，形似鼓，跳跃的颜色为客厅增添了活力

绿植

↑客厅里的茶几、边桌、角几、电视柜、壁炉等位置都是比较理想的摆放花艺的地方。不宜选择过于复杂的花艺，所用植物不能太脆弱，常绿或花期长的植物更佳

# 第4章

## 软装色彩搭配

学习难度：★ ★ ★ ★ ☆

重点概念：属性、运用、趋势、配色方案

章节导读：软装设计不仅要考虑各种色彩效果给空间塑造带来的限制性，更要充分考虑如何运用色彩特性给空间带来更好的视觉效果。利用色彩明度、纯度、色相的变化来有意识地营造或明亮，或沉静，或热烈，或严肃的空间效果。世界上没有不好的色彩，只有不恰当的色彩组合。配色要遵循色彩的基本原理，符合规律的搭配才能打动人心，并给人留下深刻的印象。了解色相、明度、纯度、色调等色彩的属性，是掌握这些原理的第一步。调整色彩属性，整体配色效果也会发生改变，直接影响空间的整体效果。

# 4.1 色彩设计知多少

## 4.1.1 色彩心理

Ⓠ 色彩学上，怎样根据心理感受，将颜色进行冷暖划分？

Ⓐ 暖色调包括红、橙、黄等色系，给人温暖、有活力的感觉；冷色调包括绿、青、蓝等色系，让人有清爽、冷静的感觉；紫、黑、灰、白则属于冷暖平衡的中性色调。

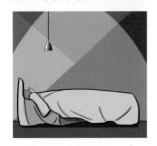  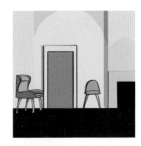

↑用冷暖结合的色调打造干净又温馨的小家，视觉上有一种新鲜感

## 4.1.2 色彩的属性

### 1. 色相

色相即色彩的相貌特征，决定了颜色的本质。自然界中色彩的种类很多，如红、橙、黄、绿、青、蓝、紫等。

互补型色彩组合：在色相环上相对的颜色组合。

↑互补色

同相型色彩组合：只用相同色相的配色，如红色可通过混入不同分量的白色、黑色或灰色，形成同色相、不同色调的同相型色彩搭配。

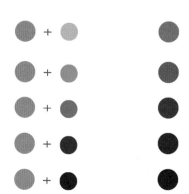

↑橘黄色混入不同分量的白色，形成
同色相、不同色调的黄色

↑橘黄色混入不同分量的灰色，形成
同色相、不同色调的暗黄色

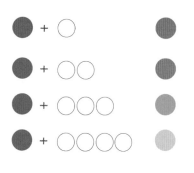

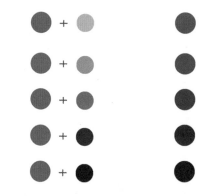

↑红色混入不同分量的白色，形成同
色相、不同色调的粉红色

↑红色混入不同分量的灰色，形成同
色相、不同色调的暗红色

↑青碧色＋驼色，冷暖平衡，给人一种
温馨的感觉，沙发与装饰画搭配巧妙

↑橘黄色＋黑色，灯光给空间增添了温
暖的气氛，厚重的沙发给人踏实的感觉

## 2. 明度

明度是指色彩的明亮程度。各种有色物体，由于它们反射的光量存在区别，所以它们的颜色具有明暗强弱的区别。

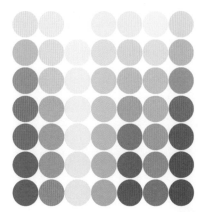

→颜色加白的次数越多，明度越高。可以以色彩的明度作为配色的主体思路。色彩从白到黑，靠近亮的一端称为高调，靠近暗的一端称为低调，中间部分为中调

↑配色之间的明度差异不大，但是整体仍较有时尚感

↑配色之间的明度差异较大，主色调为浅黄色与灰白色，营造出简单、优雅的环境

## 3. 纯度

纯度也称饱和度，是指色彩的鲜艳程度。原色是纯度最高的色彩，纯度最低的色彩是黑、白、灰。

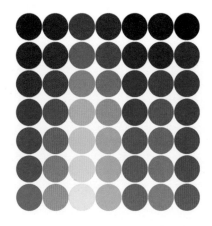

→颜色混合的次数越多，纯度越低，反之则纯度越高

→浅抹茶色的墙面与箬竹色
的花瓶相呼应，营造出素雅
的背景，黑茶色家具也非常
素雅

## 4. 色调

色调是指一幅作品色彩外观的基本倾向，泛指大体的色彩效果。通常可以从色相、明度、冷暖、纯度四个方面来定义一幅作品的色调。

一幅绘画作品虽然用了多种颜色，但总体有一种倾向，偏蓝或偏红，偏暖或偏冷等。这种颜色上的倾向就是这幅画的色调。

软装中可以借助灯光设计来调整色调，满足不同的设计需求与审美倾向，营造出具有特色的情景氛围。

冷色调家居环境

暖色调家居环境

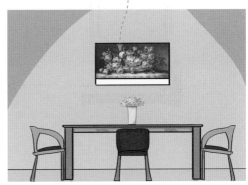

↑墙面大面积使用蓝色，包括其他小饰品也采用不同明度的蓝色，空间整体偏冷，为冷色调

↑这里利用明亮的墙漆使整个空间都处于一种温暖、明快的色调中

### 4.1.3 色彩的角色

1. 主角色

主角色是由大型家具或大型空间陈设、装饰织物所形成的中等面积的色块。客厅的沙发、餐厅的餐桌等家具的色彩就属于所在空间的主角色，颜色搭配通常也以此为主。

2. 配角色

配角色的视觉重要性和色块面积次于主角色，常用于陪衬主角色，使主角色更加突出。通常是体积较小的家具，如短沙发、椅子、茶几、床头柜等物件的颜色。

3. 背景色

背景色通常指墙面、地面、顶棚、门窗、地毯等大面积界面的色彩。背景色有着绝对的面积优势，因此也支配着整个空间的装饰效果。

4. 点缀色

点缀色是最富于变化的小面积色彩，如靠垫、灯具、织物、植物花卉、摆设品等物件的颜色。

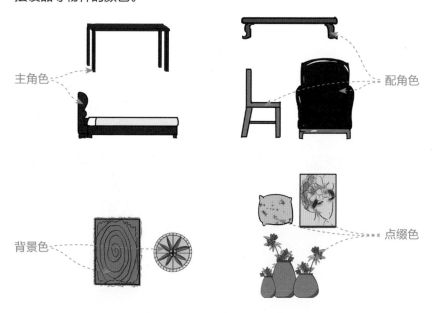

背景色

点缀色

配角色
主角色

↑主角色是与背景色或配角色形成对比的色彩，效果鲜明、生动。配角色与主角色有一定色彩差异，既能突出主角色，又能丰富空间，但其面积不能过大，否则就会压过主角色。背景色位于墙面处，对空间氛围的影响最大，可根据想要营造的空间氛围来选择背景色。如果想要活泼、热闹的氛围，则应该选择艳丽的背景色。点缀色面积不大，但是在空间里却具有很强的表现力

背景色

主角色

点缀色
配角色

↑主角色要整体、协调、稳重，则应选择与背景色、配角色相近的同相色或类似色。配角色要能够使空间产生动感，活力倍增。点缀色可以选用高纯度的对比色，如蓝色窗帘可以用来打破单调的整体效果。背景色中，墙面和地面的配色是需要关注的地方，如果想要打造自然、田园的效果，可以选用粉绿色或其他柔和的色调

# 4.2 灵活运用色彩

## 4.2.1 色彩组合

色彩的组合效果取决于颜色之间的相互关系，同一颜色在不同背景条件下可以有迥然不同的效果，这依赖于色彩的敏感性和依存性。因此如何处理好色彩之间的关系，就成为配色的关键问题。

→配色建议

■红色配白色、黑色、蓝灰色、米色、灰色

■咖啡色配米色、鹅黄色、砖红色、蓝绿色、黑色

■黄色配紫色、蓝色、白色、咖啡色、黑色

■绿色配白色、米色、黑色、暗紫色、灰褐色、灰棕色

■蓝色配白色、粉蓝色、酱红色、金色、银色、橄榄绿、橙色、黄色

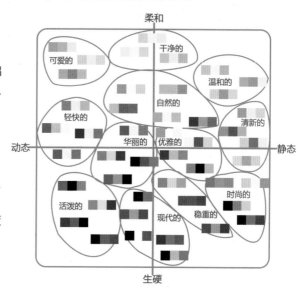

★装修小贴士

**软装强调色的配色方法**

选择一个强调色，让其反复出现。例如，整体是黑白灰大地色，然后再选定一种颜色让其继续反复出现。这种方法能轻松打造出"布置得很精心"的感觉，同时还能制造出"很整齐"的感觉。软装强调色有以下优点：

1）容易操作，只要记住，强调色在单个空间内的重复次数以 6 次左右为宜。

2）制造整齐感，尤其是厨房、卫生间等杂物堆放较多的空间，可以依靠颜色来统一观感。

3）告别选择恐惧症。一旦定好了一个强调色，就不要再犹豫，空间中的各种物品都可以配以强调色，能省去纠结与反复的过程。

## 1. 同色系组合

同一色相不同纯度的色彩组合称为同色系组合。在空间配置中，同色系组合是最安全也是接受度最高的搭配方式，注意避免过分强调单一色调的协调而缺少必要的点缀，这样很容易让人产生疲劳感。

---- 高明度＋高纯度的蓝色

←搭配难度较大，要找准色彩倾向，还要考虑人对色彩的感知度，尤其是人对冷色系色彩的感知度较弱。因此要在明度上加以变化，适当搭配一些偏暖色彩，如浅米黄色。最关键的是要将色彩分散开，而不是集中在一起

## 2. 邻近色组合

只选用两三种在色环上邻近的颜色，以一种色彩为主，另几种色彩为辅，如黄与绿、黄与橙、红与紫就是邻近色。一方面要让两种颜色搭配和谐，另一方面又要使两种颜色在纯度和明度上有所区别。

-湛蓝色＋浅蓝色

←在白色的基调上，选择湛蓝色沙发搭配浅蓝色吊顶，有统一和谐的感觉

### 3. 对比色组合

对比色有红色和绿色、黄色和蓝色等，即暖色与冷色的对比，对比色能强化空间层次，让普通平淡的色彩在对比中变得更加醒目。

翠绿色 + 红褐色

←翠绿色碎花墙纸搭配红褐色复古瓷砖，具有地中海风情。白色与红褐色结合的浴缸为点睛之笔

### 4. 互补色组合

使用互补色配色时，两种颜色所占比例必须一大一小，如果两种色彩所占的比例相同，那么对比会显得过于强烈。

群青色 + 淡黄色

←青色顶棚与淡黄色沙发的互补色组合看起来非常柔和，用灰白色进行调和，比例适当

★装修小贴士

**华丽色与朴素色**

华丽和朴素是颜色因纯度和明度的不同而被赋予的特质，像纯色那样纯度高的颜色或明度高的颜色会给人以华丽感，偏冷的颜色具有朴素感，白、金、银色具有华丽感，而黑色有时具有华丽感，有时则具有朴素感。

### 5. 双重对比色组合

四个颜色，两组对比色，利用一定技巧进行组合尝试，使其具有多样化的效果。注意两种对比中应有主次，对小房间而言更应只把其中一组颜色作为重点来处理。

湖蓝色＋鹅黄色，紫色＋青绿色

→湖蓝色墙面与鹅黄色吊顶是一组，小面积的紫色抱枕与青绿色窗帘为另一组。其他小装饰品也采用了相同色系的色彩，避免繁杂混乱，颜色整体的纯度较统一

### 6. 无彩系组合

黑、白、灰是无彩色，主要用于调和色彩搭配，突出其他颜色。其中灰色是可陪衬任何颜色的百搭色，只有白色可大面积使用，而黑色仅可小面积使用。

无彩色黑色、白色＋有彩色黄色

→黑色的餐桌、沙发、橱柜，白色的茶几、墙面，添加了两个黄色的小抱枕和水果盘点亮空间

### 7. 天然色组合

天然色泛指大自然中原生态的动植物色彩，室内空间多以木质色彩为基调，再与其他色彩、材质相搭配，能得到很好的视觉效果。天然色一般取材自大自然中的树木、花草、泥沙，甚至是枯枝。

天然实木色 + 白色 + 灰色 ·······

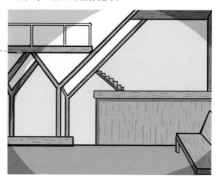

→以天然中性木纹色为基调，具有独特的审美趣味

## 4.2.2　常用的色彩搭配方法

### 1. 色彩搭配黄金法则

空间色系最好不要超过三种。家居色彩黄金比例为 6 ：3 ：1，其中"6"为背景色，包括墙、地、顶的颜色；"3"为搭配色，主要为家具的颜色；"1"为点缀色，主要为装饰品的颜色。

空间配色顺序：硬装→家具→灯具→窗帘→地毯→床品→布艺→饰品。

→这种搭配比例可以使空间中的色彩既丰富又不显得杂乱，主次分明，主题突出
米白色 + 白色 + 原木色，占60%；
黑色 + 白色 + 灰色 + 红褐色，占30%；
灰色 + 绿色 + 黄色 + 红褐色，占10%

### 2. 以一种颜色为主导

对一个房间进行配色，通常以一种颜色为主导，空间中的大色面用这个颜色，但并不意味着房间内所有颜色都要用它。

以青色为主导- - - - - - - - -

→白色的墙壁体现了简约的风格，床品也选择了素净的颜色与之搭配，墙上的青色彩绘与椅子相呼应

### 3. 适当运用对比色

适当运用某些对比强烈的颜色，以点缀环境和强调色彩效果。但是对比色的选用应避免太杂，一般在一个空间里选用两至三种主要颜色进行对比组合为宜。

宝蓝色 + 正红色 - - - - - - - - -

→给人活泼的感觉，宝蓝色应用在门窗边框与柜门上，红色应用在柜子的背板上，二者用白色调和，整体感觉清新自然，给人舒心的感觉

---

**★装修小贴士**

**软装色彩搭配窍门**

世界上有无数种色彩，色彩搭配的方法亦有无数种。细心观察，找到更多专属自己的色彩搭配方法。可以尝试 75％、20％与 5％的配色比例，其中的底色为 75％，而 20％的主色与 5％的强调色则可以利用互补色的特性进行搭配。

### 4. 色彩混搭

只用三种颜色明显无法满足一部分个性业主的需要，混搭不当又容易显得凌乱。色彩混搭的秘诀就在于控制好色调的变化。如果两种颜色对比非常强烈，那么就需要一个过渡色调和。

果绿色＋淡棕色＋丁香色＋红黄蓝色混搭

→丁香色的帘子用来制造浴室浪漫温馨的气氛，果绿色作为背景，黄色、红色、蓝色作为混搭装饰，非常和谐

### 5. 用白色调和

白色是和谐万能色，如果同一个空间中各种颜色都很抢眼，互不相让，可以加入白色进行调和。

以白色为主

→墙面、被套、枕套等都是白色的，局部搭配不同明度的青色与原木色，白色将所有颜色"串联"起来，同时能提高空间亮度，让空间显得更加开阔、整洁，丝毫不见凌乱感

## 4.2.3 利用色彩弥补空间缺陷

人们对于不同的色彩的视觉感受是不同的。充分利用色彩的调节作用，可以重新塑造空间，弥补室内空间的缺陷。

1. 调整过大或过小的空间

深色和暖色可以让大空间显得温暖、舒适；浅色可以让小空间显得更明亮、整洁。

←明亮、显眼的点缀色装饰，如独特的墙纸或手绘墙，可以制造视觉焦点。避免同色系装饰物太分散，否则会使大空间显得更加缺乏重心。将近似色的装饰物集中摆放会让空间聚焦

大空间

小空间

→清新、淡雅的墙面色彩可以让小空间看上去更大。用不同深浅的同类色做叠加可以增加整体空间的层次感，使其看上去更宽敞且不单调

### 2. 调整过大或过小的进深

纯度高、明度高、暖色相的色彩看上去有"向前"的感觉，被称为前进色；反之，纯度低、明度低、冷色相的色彩被称为后退色。如果空间空旷，可以用前进色来装饰墙面；如果空间狭窄，可用后退色装饰墙面。

进深变大 ┄┄┄┄

→房间家具尺寸比较大，占用的空间也比较多，使用灰色系能让整个房间看起来宽阔许多

进深变小 ┄┄┄┄

→房间内部家具较少，显得空间很空旷，利用墙面图案使得空间看起来"拥挤""热闹"

### 3. 调整过高或过低的空间

空间过高时，可用比墙面更温暖、更浓重的色彩来装饰顶棚。但必须注意色彩不要太暗，以免使顶棚与墙面形成太强烈的对比，使人有压抑感。空间较低时，顶棚最好采用白色，或比墙面浅的色彩，地面采用深色。

浅色给人上升感------

→欧式风格大多用浅色来装饰顶棚，营造上升感，给人大气宽阔的感觉

深色给人下坠感------

→东南亚风格多用自然材料来装饰室内空间，深色的顶棚与地面呼应，室内空间显得牢固紧密

## ☆装修小贴士

**膨胀色与收缩色**

　　膨胀色可以使物体的视觉效果变大，暖色相、高纯度、高明度的色彩都是膨胀色，如红色、橙色等。收缩色可以使物体的视觉效果变小，冷色相、低明度、低纯度的色彩属于收缩色，如蓝色、蓝绿色等。

# 4.3　熟悉国际色彩趋势

## 4.3.1　千禧粉

　　要说哪种颜色能让如今的年轻人为之沉醉，那么"千禧粉"一定值得一提，即使我们对这个名字并不熟悉，但肯定在某个时刻感受过被它刷屏的震撼。从服装、食品包装到各种生活用品，乃至整栋建筑的外墙，几乎都有它的身影。

千禧粉系列

↑ 千禧粉并不是特定的一种颜色，而是一系列粉色的总称

内敛的粉色系

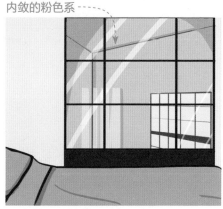

↑ 比较内敛的粉色结合稍具工业风的室内装饰，让整个空间氛围更显温柔

## 4.3.2　红色系

　　每当提到暖色，最佳代表当属红色，在清冷的秋冬季，象征热情的红色最容易吸引人。每年的流行色里，最震撼的也是红色，无论是石榴红，还是学院红，总是很容易从其他颜色中跳脱出来，引人注意。

←红色波长最长，具有朝气、积极的象征意味，在空间中可以考虑酌情使用红色点缀

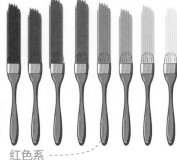

红色系

红色不只有大红一种，大红热情、深红稳重、粉红梦幻、酒红优雅、桃红明亮、紫红温雅，多变的气质让红色特别受人喜爱，但这不是它受人喜欢的唯一原因。红色是一种较具刺激性的颜色，象征着较为热烈的情感。

醇美的酒红色

←醇美的酒红色是时下流行的色彩之一，它比中国红少了一分耀眼张扬，却比少女粉多了一分成熟的韵味。酒红色可以营造尊贵优雅的格调和摩登复古的感觉

## 4.3.3 暖木棕色

暖木棕与我们常见的木纹和棕色没有很大的关系，它具有随性、温和、优雅的气质，让人感到舒适和愉悦，同时又给室内空间带来不俗的装饰效果。

暖木棕系列

暖木棕与粉灰色

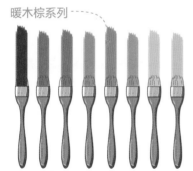

↑暖木棕色不适合大面积使用，应用于局部点缀，否则会让人感到乏力、没有生活和工作的激情。因此在软装陈设中，这类颜色可用于沙发抱枕、小块地毯、茶几台布等

↑淡雅轻松的暖木棕与粉灰色营造出了一个自然、轻松的室内环境

## 4.3.4 绿色系

　　绿色是芳草碧连天的诗意，是山水草木的清新，是时尚，更是舒适。凭借着高舒适度与百变的风格，绿色在软装的世界任性勾画、展现多面的惊艳。城市环境喧嚣嘈杂，大自然让人无尽向往。绿色总能为空间营造出清新自然的氛围，无论是绿色的墙、原木的桌椅，还是绿色的椅子、原木色的墙面，两者搭配起来总能产生很好的效果。

绿色系列

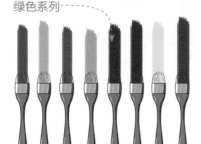

薄荷绿

↑在设计中用到的绿色有很多，但它并不能代替植物的功能，尤其大面积绿色容易让人难以集中精神，降低学习与工作效率，所以要注意，书房、办公室等环境并不适合用绿色做主色调

↑厨房区域运用小清新的薄荷绿可以有效降低视觉上的油腻感。使用准则是：薄荷绿墙面＋原木家具＋薄荷绿软装＋其他颜色点缀

### ★装修小贴士

**清新色**

　　清新色是一类非常干净、柔和的色彩。越是接近于白色的明亮色彩，越能够表现清新感。明亮的冷色具有清凉感，所以清新色以冷色为主，色彩对比度较低，整体的配色追求融合感。以蓝色、绿色为中心的配色，最能够体现清凉与爽快的感觉，同时，蓝色还具有清洁、干净的印象。加入白色会使这种清洁感更明显。明亮的冷色具有透明感。高明度的灰色给人舒适、柔和的印象，能传达出细腻、轻柔的感觉。

# 4.4　案例解析——撞色神秘感空间

　　东南亚风格以其丰富鲜艳的色彩搭配深受众人喜爱。色彩对比产生的碰撞效果给人独特的视觉享受。

客厅

卧室

↑装饰以绿色和紫红色为主，抱枕和桌布色彩极为鲜艳，并与窗帘相呼应。增加绿植和木质椅子的搭配，让空间呈现层次感，呈现出鲜活而静谧的东南亚印象

↑典型的东南亚风格的房间，红色的吊灯、深紫色帷幔、东南亚纹饰的床品。

→东南亚风格是典型的热带装饰风格，书房鲜艳跳跃的色彩也抵挡不住天然材料家具带来的清雅氛围。东南亚地区宗教盛行，佛像或一些具有宗教元素的摆件是常见的软装元素

书房

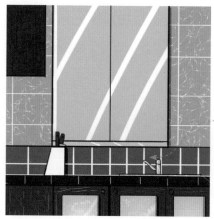

←厨房的设计极为简单，利用极具自然感的绿色瓷砖装饰墙面。橱柜选择实木材料，配合金黄色的玻璃门，给乏味的厨房增添了趣味

┆┄厨房

卫生间┄┄┄┄

→墙面的绿色瓷砖、实木的浴盆、墙角的绿植，这些元素使卫生间充满了自然气息。如果配以布艺窗帘则会显得不融洽，而黑色百叶窗是合适的选择

★装修小贴士

**东南亚风格装修技巧**

1）东南亚风格的设计虽然风格浓烈，但配饰物品千万不能过于杂乱，否则会显得累赘。木石结构、砂岩装饰、墙纸、浮雕、木梁、漏窗等都是东南亚传统装修风格中不可缺少的元素。

2）木材、藤、竹是常见的东南亚风格室内装饰材料。东南亚装饰品的形状和图案多和宗教、神话相关。芭蕉叶、大象、菩提树、莲花等元素是装饰品的主要图案。

3）东南亚家具大多就地取材，如印度尼西亚的藤、马来西亚河道里的水草（风信子、海藻）以及泰国的木皮等纯天然材质，散发出浓烈的自然气息。

←嫩绿色是时下
非常流行的家具
颜色，显得空间
充满活力

⋯⋯ 餐厅

　　餐厅以暖色为主，可以兼顾少许冷色，如绿色、蓝色，这些冷色要靠加白色来提高明度，让色彩倾向显得清新。

　　无论是深沉的色调还是明亮大胆的色调，都能与优雅的暖木棕色完美结合，勾勒出一种宁静治愈的空间美学意境。

过道

玄关

↑收纳柜为天然木材所制，瓷瓶与绿植的配合非常和谐，突显了东南亚风格崇尚自然的特点

↑以深绿色的墙面为基调，配合石纹的地面在门厅入口处营造了一条幽静的通道。射灯的光洒在佛像画上，再添加一盆清新的绿植，玄关处的氛围祥和又静谧

冷色调的深灰色浴室 - - -

→自然的光线洒满了整个房间，亚麻与棉质带有纯粹质朴的气质，冷色调的深灰色对空间有很好的平衡效果，中性色与青蓝色能让整个空间显得清新自然

# 第5章

## 家具在空间内各得其所

住宅空间

庭院景观

案例解析——自然亲切感空间

学习难度：★★★★★

重点概念：住宅家具、办公家具、商业家具、庭院家具

章节导读：家具由材料、结构、外观形式和功能四种因素组成，其中功能是先导，是推动家具发展的动力，结构是主干，是实现功能的基础。家具是为了满足人们一定的物质需求和使用目的而产生的功能产品，因此家具还具有材料和外观形式。这四种因素互相联系，又互相制约。家具多指衣橱、桌子、床、沙发等大件物品，家具既是功能产品，又是艺术创作。

# 5.1 住宅空间

## 5.1.1 了解家具搭配

**Q** 硬装刚刚完成，接下来就是软装设计了吧?

**A** 是的，选定设计风格，拟定整体空间的色彩基调，然后就能选择家具了。

**Q** 那是不是表示我选择自己喜欢的家具样式就行了?

**A** 不是的，例如，北欧风格客厅，一般以布艺沙发为主，如果选择皮质沙发就不合适了。

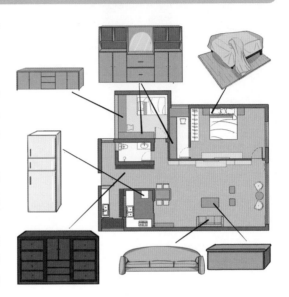

## 5.1.2 门厅玄关家具

　　玄关家具的摆放既不能妨碍出入通行，又要发挥家具的使用功能和装饰功能。通常选择低柜和长凳，低柜属于收纳型家具，可以放鞋、雨伞和杂物，台面上还可放钥匙、手机等物品，长凳的主要作用是方便换鞋和休息。鞋柜是门厅玄关家具的首选，布置时有很大讲究。

嗯~到家啦，换鞋啦……

## 1. 鞋柜

鞋柜不宜过高过大，否则各种鞋子的气味和病菌混杂，更容易对人的呼吸道造成侵害。如果已经买了大鞋柜，扔掉又觉得浪费，可以少放鞋子，上层空间用于存放其他物品。

开门式鞋柜

→常见的开门式鞋柜有两开门的、三开门的、四开门的，这种鞋柜通常有放伞的地方

抽拉式鞋柜

←抽拉式鞋柜外表看起来像抽屉，但不必拖出来放鞋子，只需拉一下就可以

## 2. 换鞋凳

完全可以用有序的方式来组织空间，将鞋柜、长凳、全身镜、挂钩、隔板安排妥当。

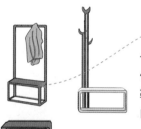

定制一体化长凳

←一体化长凳是小空间的最佳之选，将更多的空间留给鞋柜，剩下的空间就可以自由发挥

单独的小凳子

←价格较低，移动方便，闲时也能另作他用。适合玄关空间较小、不适宜摆放大型换鞋凳的户型

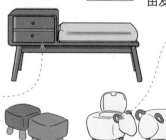

带储藏功能的长凳

☆装修小贴士

**门厅与玄关的区别**

门厅指的是功能区域，入户后的小块空间称为门厅，门厅可以是开放的也可以是封闭的，门厅可以存在于住宅空间中也可以存在于商业空间或办公空间中。玄关的说法掺杂着风水理论，一般指的是家居中的进门空间，不会为全开放格局，会设置视觉隔断或形成完全独立的空间。

### 5.1.3　客厅家具

　　客厅应该是设计与装饰的重点。客厅是家庭成员与外来客人共同活动的空间，在空间条件允许的前提下，需要合理地将会谈、阅读、娱乐等功能区划分开，诸多家具一般贴墙放置，将个人使用的陈设品转移到各自的房间里，让客厅空间用于公共活动。

呼～舒爽！

#### 1. 电视柜

↓可以选择高柜配矮柜或矮柜配矮柜，可分可合、高低错落、造型富于变化

↓非常小巧轻便，占用的空间较少，能节约出地面空间，显得客厅更加开阔

↓一般现场定制，电视机悬挂在墙上，注意成品家具的长度，不是所有的客厅都适合

组合式电视柜

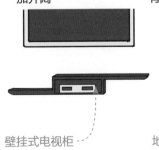

壁挂式电视柜

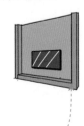

地台式电视柜

地柜式电视柜

悬挑式电视柜

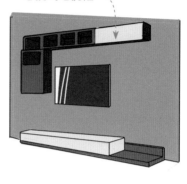

↑容量大，可以配置多个抽屉，存放很多物品，也可以配合客厅中的视听背景墙做组合造型

↑需要预制安装，对墙体结构要求较高，要能承载柜体和电视机的压力，最好是实体砖砌筑的厚墙

★装修小贴士

**电视柜选购要点**

1）注意客厅面积大小。如果客厅面积大，比较宽敞，壁挂式电视柜、整面框体墙等形式都是可以的；如果客厅面积比较小，可采用"品"字形组合式电视柜。

2）注意电视柜尺寸大小。电视墙的长宽、电视机长宽高等尺寸要提前量好。提前测定人在看电视时的视线高度和电视摆放的高度。

3）注意电视柜的材质。电视柜的材质五花八门，应选择散热较好、防火的材质。

4）注意整体风格。中式风格的客厅，可以选择沉稳复古的电视柜，现代风格的客厅，可以选择简约、个性的电视柜。客厅风格和电视柜的风格应该搭配一致。

## 2. 沙发

沙发应当构造合理，市场上的沙发按靠背高矮可分为：低背沙发、普通沙发、高背沙发。低背沙发的靠背高于座面370mm左右，给腰椎一个支撑点，属休息型轻便椅，方便搬动、占地小；普通沙发一般有两个支撑点，分别承托腰椎与胸椎；高背沙发有三个支撑点，且三点构成一个曲面。

沙发应当弹性好、平整柔软、硬度适中。高档沙发多采用尼龙带和蛇簧交叉编织网结构，上层铺垫高弹泡沫、喷胶棉和轻体泡沫；中档沙发多以层压纤维为底板，上层铺垫中密度泡沫和喷胶棉，坐感与回弹性较前者略差。

----皮沙发

----布艺沙发

----木质沙发

**★装修小贴士**

**沙发选购要点**

1）挑选沙发时，要注意沙发的风格与周围装饰品的风格相契合、相呼应。

2）布艺沙发面料应较厚实、经纬细密、无外露接头、手感紧绷有力。

3）沙发主结构为木质或金属材料，骨架应结实、坚固、平稳、可靠。

4）揭开座下底部查看，应无糟朽、虫蛀，且木料接头处不应用钉子钉接，而是榫卯结构。

**3. 茶几**

茶几除了具有美观装饰的功能外，还要承载茶具、小饰品等物件。因此，也要注意它的承载功能和收纳功能。如果空间较小，则可以考虑购买具有收纳功能或可展开的茶几，根据业主的需要加以调整。

茶几的颜色与空间的主色调搭配也十分重要。

→色彩艳丽的布艺沙发适合搭配暗灰色的磨砂金属茶几，或者是淡色的原木小茶几；红木和真皮沙发适合搭配厚重的木质或者石质茶几；金属搭配玻璃材质的茶几能给人以明亮感，视觉上更加通透

茶几的大小选择要看空间的大小，小空间放大茶几，茶几会显得喧宾夺主；大空间放小茶几，茶几会显得无足轻重。选好了款式，摆在空间中的哪个位置也十分重要。如果要加强局部的美感，可以在茶几下面铺上小块地毯，然后摆上精巧小盆栽，让茶几成为一处美丽的小空间。

→在比较小的空间中，可以摆放椭圆形、造型柔和的茶几，或是瘦长的、可移动的简约茶几，流线型和简约型的茶几能让空间显得轻松没有局促感。茶几的摆放不需要墨守成规，不一定要摆放在沙发前面的正中央，也可以放在沙发旁或落地窗前，再搭配茶具、灯具、盆栽等装饰

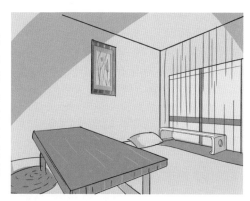

## 5.1.4　儿童房家具

　　对于儿童房，在构思上要新奇巧妙、富有童趣，设计时不要以成年人的意识来主导创意。在色彩上，可以根据不同年龄、性别，采用不同的色调进行装饰设计。儿童房的色彩应该鲜明，配以有童趣的图案。

→儿童房的使用者会有从儿童到青少年的转变，在布置时要考虑空间的可变性。可以选用折叠床和组合家具，简洁实用，富有现代气息，所需空间也不大，适合青少年使用

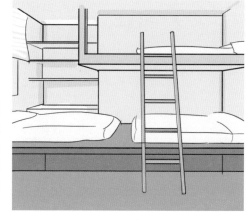

★装修小贴士

**儿童房家具配置**

1）要实木。密度板、刨花板是如今很常见的家具板材，可是这些材料的家具，最好不要出现在儿童房里，因为这些经过加工的板材可能会释放有害的物质，将会给孩子带来伤害。

2）要安全。家具的边角和边缘必须都是被磨圆的，这样可以避免戳伤孩子。另外，如果有安装护栏，护栏间距应为 60 ~ 75mm，这样孩子不会被卡住。

3）要健康。非环保材料易让孩子出现过敏、皮肤瘙痒等症状。黏合剂多少都会对人体有伤害，因为含有甲醛，长时间吸入对身体不利，而且这些有害气体都是漂浮在比较低矮的位置，所以必须选择天然健康的材料，把黏合剂的使用量降至最低。

4）要节省。孩子成长非常快，选择儿童家具时最好选择能增加模块的家具，这样使用起来就灵活得多。如床能加高，配件可拉伸，以满足孩子在不同成长时期的需求。

## 1. 儿童床

尽量避免儿童床有棱角，表面摸起来要光滑，不能有木刺、金属钉头等危险物，边角要采用圆弧收边。确保床稳固、耐用，接合处要牢固。儿童床的材料有木材、人造板、塑料、铝合金等，以原木为最佳。注意安全摆放，防止儿童跌落，最好床沿一边靠墙，不留缝隙。根据房间的色调来选择儿童床的颜色，以明亮、轻松、愉悦为选择方向，可以选择绿色或红色，绿色引发孩子对大自然的向往，红色会激起孩子对生活的热情。

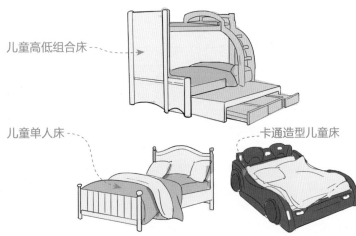

儿童高低组合床

儿童单人床　　　　　　　　　　卡通造型儿童床

## 2. 书桌

书桌作为儿童房的重要组成部分，在选择时一定要严格把关，材质、安全系数等都要考虑周全。

→桌体与柜体都被安装在墙面上，也没有尖锐的部位凸出来，非常安全

固定书桌

←椅子背部设计符合腰部和背部的曲线，桌椅都带有调节功能，可以适应不同年龄段的儿童的体型需求

有调节功能的书桌

儿童环保书桌

低龄儿童实木书桌

↑塑料桌椅造型小巧可爱，圆角与加厚设计能够防止儿童碰撞，且非常牢固，深受儿童的喜爱

↑木料坚韧，比较耐用，简单的木桌就能满足孩子的基本需求

## 5.1.5 卧室家具

主卧室是睡眠、休息的空间。在装饰设计上要满足生活的需求和体现个性，高度的私密性和安全感也是主卧室布置的基本要求。

主卧室要充分体现温馨气氛和优美格调，使人能在愉快的环境中获得身心上的满足，家具选择以简洁、实用、和谐为原则。

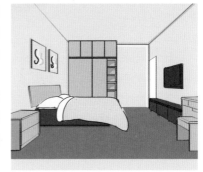

## ★装修小贴士

### 卧室家具配置

卧室中最主要的功能区域是睡眠区。这个区域的主要家具是床和床头柜，并且要设置照明良好的床头局部照明光源，使之能满足床头阅读的需要。

床的摆放要讲求合理性和科学性。床的两侧设有床头柜、床头几等家具，至于用哪种模式比较理想，可根据人的身心需要和实际环境来决定。此外，还要考虑卧室内梳妆区域的家具，梳妆台、镜子凳是这些区域的主要家具。

卧室家具的款式、造型、色彩、尺度都不可含糊，合理的室内布置效果会给人带来美的享受。

### 1. 床头柜

床头柜的功能主要体现在设计上，如可移动的抽屉式床头柜，它配有脚轮，移动非常方便，一些不愿意离身太远的细小物件可以放在这里。床头柜的范畴也在逐步扩大，一些小巧的茶几、桌子摇身一变也成为床头的新风景。

←木质床架透气性极佳，舒适温馨。实木床头柜可涂成全白色，或白色＋原木色，或其他颜色

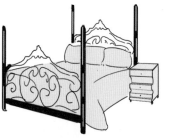

←铜制床架工艺繁复，装饰极为华丽

### 2. 床架

床能消除人的疲倦，优质床垫搭配优质床架，才能将床的功能完美发挥出来。

←铁床架质地冷峻粗糙，呈现古典韵味

## 3. 衣柜

衣柜是卧室装修中必不可少的一部分，它不仅具有收纳功能，还是装饰亮点。

←柜门置于柜内，个体性较强，易融入、较灵活，相对耐用，清洁方便，空间利用率较高

内推拉衣柜------

←用吊装滑轨连接柜门，水平滑动开启，价格较高，但开启柜门不占用空间

推拉门衣柜------

平开门衣柜------

←采用传统铰链连接柜门，价格较低，但比较占用空间

开放式衣柜（开放式衣帽间）------

入墙式衣柜（整体衣柜）------

↓可嵌入墙体直接屋顶，成为硬装修的一部分

→仅限定制，与墙壁融合在一起，因此空间利用率很高，也是近年来最为流行的衣柜样式

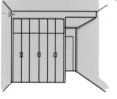

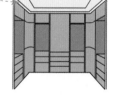

## 5.1.6 书房家具

书房是学习和工作的地方，要求宁静并确保私密性，所以一般选择较安静的房间作为书房，主要家具有写字台、办公椅、书橱和书架。

太安静了，不知道该干什么！

**书房家具配置**

　　1）书房要保持相对独立，并配以相应的设备，如电脑、绘图桌等，以满足使用要求。其设计应以舒适宁静为原则。

　　2）书房家具应符合人体尺度。根据人的活动规律、人体各部位尺寸、使用家具的姿势等细节来确定书房家具的结构、尺寸和摆放位置。

　　3）家用书桌不宜采用写字楼办公室中用的办公桌，其尺寸很难与其他家具相协调。

　　4）书房色彩的配置。书房环境和家具的颜色以冷色调居多，这有助于使人的心境平稳、气血通畅。由于书房是长时间使用的场所，应避免强烈刺激，宜多用明亮的无彩色或灰棕色等中性颜色。

## 1. 写字台

　　写字台即书桌，可呈L形或一字形布局。L形写字台扩大了工作面积，方便堆放各种资料，还能产生一种半包围的形态，使学习区更加幽静，较为实用。

L形书桌

↑可一面或两面紧靠墙面，适应任何角落以及过道，可以利用台面上方的墙面做书橱吊柜

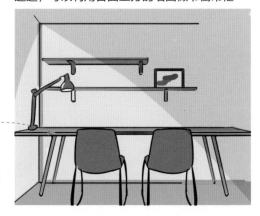

一字形书桌

→实用性强，大小户型都适用，容易打理，可做成墙面镶嵌式或单摆，单摆换新也方便

2. 书架

书橱和书架不宜过宽，否则放一排书浪费空间，放两排使用起来又不方便，不易抽取。书橱和书架的搁板要有一定强度，以防书的重量过大，造成搁板弯曲变形。

书橱旁边可摆放一张软椅或沙发，用壁灯或落地灯作照明光源，这样可以随时坐下来阅读、休息。

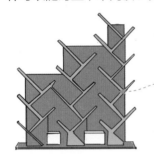

------ 树形书架

←造型时尚，可自由组合，根据书的数量变换书架大小

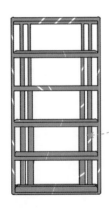

------ 落地式大书架

←储物功能极强，可供收纳大量书籍，非常实用，有时也可兼作隔断使用

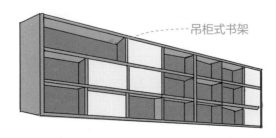

------ 吊柜式书架

←与墙面一体，也能装饰墙面，可自定分隔隔板

## 5.1.7 厨房家具

厨房以橱柜为核心，虽然橱柜的款式每年都在变化，但每种风格都有它独特的韵味。

古典风格橱柜

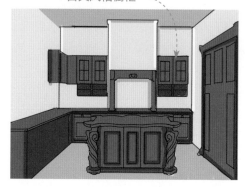

乡村风格橱柜

↑首选实木，要求厨房空间很大，U 形与岛形是比较适宜的格局形式，其颜色、花纹都为成功人士所推崇

↑材料上大多选择实木，强调将原野的味道引入室内

→摒弃了华丽的装饰，线条简洁，对装饰材料的要求不高，但更注重色彩的搭配

后现代风格橱柜

→采用新的设计材料——混凝土，简洁到了极致，随意自然

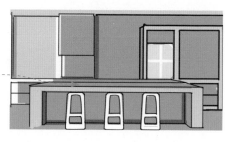

现代风格橱柜

## 5.1.8 餐厅家具

家具在很大程度上决定了餐厅的风格，最容易与之冲突的是空间比例、色彩、顶棚造型和墙面装饰品。

根据房间的形状、大小来决定餐厅桌椅的形状、大小与数量，圆形餐桌能够容纳更多的人，方形或长方形餐桌比较容易与空间结合，折叠或推拉餐桌能灵活适应多种需求。

宽敞的餐厅

←装饰柜：有固定式立柜和组合式壁柜，主要用来储存餐具和装饰空间

←餐桌：中餐桌多为方形，欧式餐桌多为圆形。在宽敞的空间中，可设计专用就餐场所，采用固定式餐桌

小面积餐厅

←装饰柜：尽可能采用镶入式的壁柜，可不摆放酒柜，避免占用空间

←餐桌：采用可收叠的餐桌，或将餐椅设计成卡座式

## 5.1.9 卫生间家具

卫生间根据形式可分为半开放式、开放式和封闭式。目前比较流行的是划分干湿分区的半开放式卫生间。

←台下盆：台盆下凹在台面里，安装简单，可选择的样式多且美观，适用于各种装修风格及中大户型

→立柱盆：呈直立状态，可以将给排水组件隐藏到立柱中，干净整洁，尤其适用于狭小的卫生间

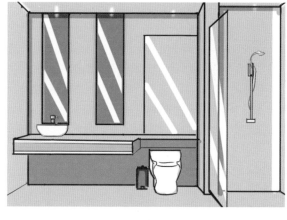

←台上盆：台盆凸出在台面以上，样式单一，对安装工艺要求较高，但外观简洁且易打理

←马桶：方便、实用，新型马桶都带有许多附加功能，是现代卫生间使用的主流。淋浴花洒有淋浴式、雨水式、按摩式、轻抚式等多种出水方式

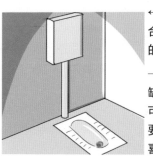

←蹲便器适合空间较小的卫生间

→搁置式浴缸形态完整，可根据设计要求和个人喜好选择

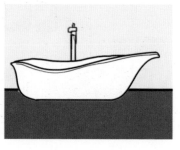

# 5.2　庭院景观

Q　庭院里新添置了些许花卉，可是总觉得还是少了些什么?

A　嗯，庭院里可以种植花卉、绿化树、果树，甚至是蔬菜。与室内一样，也是能够布置一些家具的!

Q　那庭院家具都有些什么呢?

A　庭院桌椅类家具的主要材料有藤、防腐木、不锈钢、铸铝等，防腐与综合性能好。此外，庭园一般还有可收纳的遮阳伞、折叠椅、秋千、吊篮等可移动家具。

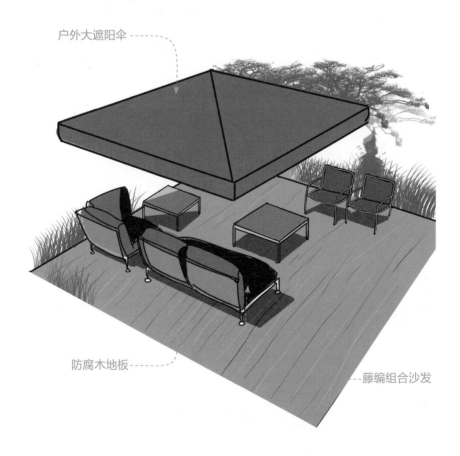

户外大遮阳伞

防腐木地板

藤编组合沙发

　　如果庭院面积有限，就尽量避免选择太多物件，否则会显得凌乱，也会占用庭院的娱乐空间。从庭院功能需要出发选择家具，颜色方面也要注意与铺装和植物相搭配，这样才更和谐统一。

←虽然庭院户外家具一般都经过了特殊的防水、防晒处理，但在高温多雨的夏季，长时间的暴晒和雨淋会使它们更容易腐败或开裂，要注意多加防护

防腐木花架

# 5.3 案例解析——自然亲切感空间

这是一家农家餐厅，具有浓浓的乡村风味，朴实自然的气息给人很强的亲切感，能让人回忆起童年时的趣事。餐厅软装在造型上常常以大统一、小变化为原则，协调统一、多样而不杂乱。在直线构成的餐厅空间中故意安排曲线形态的陈设或带有曲线图案的软装，利用形态对比打造生动的空间。

阳台与客厅，通过绿植融为一体。既不影响植物的生长，也增添了客厅的生命力。

↓墙壁上的大蒜本为食材，不同颜色的大蒜头串在一起，并列挂在墙上，竟也成了一道亮丽的景色

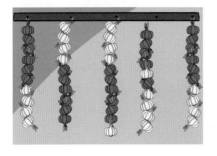

↓摆放在移动花箱上的酒坛既是空间向导，又是重要的装饰

可拉动的竹质百叶窗帘与绿植的自然属性搭配恰当

←阳台的软装要能表达一定的思想内涵和精神文化，这样才能给人留下深刻的印象。该餐厅以农家菜为特色，在其软装方面尽显农家风味。用竹质百叶窗帘作装饰，在餐厅软装设计中也很常见，这些装饰不仅提高了环境的品位和层次，还创造了一种文化氛围

叶片较大的绿植显得大气，草本植物的搭配使得自然气息浓厚

↓简约的客厅，现代设备齐全，极具科技感。自然气息与客厅的科技感产生了对比，又缓解了生活中的疲惫感与乏味感

----绿植底部都做了处理，泥土和水不会弄脏地板

←丰富的绿植，木质地板铺设的阳台，木质吊顶，显得环境干净亲切

# 第6章

## 布艺装饰琳琅满目

布艺装饰作用多

眼花缭乱的壁毯与地毯

窗帘桌布巧搭配

抱枕床品很重要

案例解析——时尚高级范儿空间

学习难度：★★★☆☆

重点概念：壁毯、地毯、窗帘、抱枕、床品

章节导读：布艺在现代室内空间中越来越受到人们的青睐，布艺柔化了室内空间生硬的线条，赋予空间一种温馨的格调。在布艺风格上，不能简单地用欧式、中式或是其他风格来概括，各种风格互相借鉴、融合，赋予了布艺不羁的性格。最直接的影响是布艺装饰对于环境氛围的塑造作用更强了，因为采用的元素比较广泛，它与很多不同风格的室内空间都能搭配，在不同的空间中营造不同的感觉。

# 6.1　布艺装饰作用多

🅠　在软装设计中，窗帘、地毯、枕套、床罩、椅垫、靠垫、沙发套、台布、壁布、毛巾等都属于布艺饰品吗？

🅐　是的，凡是以布为主要材料进行加工制造的装饰产品都属于布艺饰品。布艺的装饰效果可以说是非常的突出了，还能体现出使用者的个人爱好及品位，所以布艺在软装设计中的地位是非常重要的！

窗帘重装饰性，不遮光

全室布艺色彩明亮，偏暖，氛围温馨

窗帘重遮光性、装饰性

全室布艺色彩偏冷色调，氛围宁静、静谧

### 1. 营造氛围

布艺拥有柔软灵活的曲线，我们可以通过不同材质与图案来强化所要表达的风格，也能够体现各种地域特色，营造空间氛围。

### 2. 吸声、隔断、保护隐私功能

设计时要考虑到不同区域之间私密性的差异，如卧室、卫生间等隐私性较强的区域，可以选用一些材质较厚的窗帘。尤其在寒冷的季节，用布艺装饰温暖空间显得尤为重要。像客厅这样对隐私性没有太多要求，甚至只追求装饰功能的区域，可选择一些遮光性不是很强的窗帘。

---

# 6.2　眼花缭乱的壁毯与地毯

## 6.2.1　壁毯装饰

Ｑ　要想提高室内空间装饰的档次，除了高档壁画，还有哪些适合摆放的装饰品呢？

Ａ　可以选用壁毯！在大面积空置的墙面或走廊的尽头悬挂色彩较重的壁毯，可以很好地吸引人的视线，装饰效果非常好。

Ｑ　那壁毯的样式多吗？

Ａ　很多，如渐变壁毯、波纹风格壁毯、人物壁毯、流苏壁毯、几何图案壁毯等，不胜枚举！

壁毯最好能与房间的某个细节相呼应，如色彩、形状、质地等，这样会达到意想不到的效果

选购壁毯时，壁毯的图案和颜色要与自己房屋装修的风格和色调相搭

→悬挂壁毯时最好不要使用钉子，钉子不仅会对墙壁造成损坏，还会影响整体美观效果，可以选择壁毯专用挂钩

## 6.2.2 地毯装饰

### 1. 羊毛地毯

羊毛地毯泛指以羊毛为主要原材料编制的地毯。根据制作工艺的不同，羊毛地毯分手织、机织和无纺三种。羊毛地毯是地毯中的高档产品，因具有柔软的质地而颇受欢迎。

### 2. 纯棉地毯

纯棉地毯分很多种，有平织的、纺线的，性价比较高。

羊毛地毯 ---

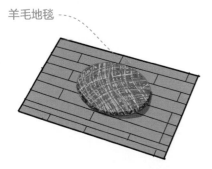

--- 纯棉地毯

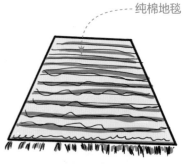

↑羊毛地毯价格相对偏高，容易发霉或被虫蛀，一般选用小块羊毛地毯进行局部铺设。挑选羊毛地毯时，将地毯平铺在光线明亮处查看，地毯颜色要协调，不可有变色和异色之处，染色也应均匀，忌忽浓忽淡

↑纯棉地毯脚感柔软舒适，便于清洁，可以直接放入洗衣机清洗

### 3. 化纤地毯

化纤地毯外观与手感类似羊毛地毯，耐磨且有弹性，具有防污、防虫蛀等特点，价格低于其他材质地毯。化纤地毯表面有毛丝，可以作为门垫使用。

### 4. 塑料地毯

塑料地毯又称橡胶地毯，是采用聚氯乙烯树脂、增塑剂等多种辅助材料，经均匀混炼、塑制而成，它可以代替纯毛地毯和化纤地毯在室内使用。

### 5. 草编地毯

草编地毯是以各种柔韧草本植物为原料加工编制的地毯。

→花样品种更多，不易褪色，但脚感不
如羊毛地毯及纯棉地毯

化纤地毯

→塑料地毯成本低，适用于宾馆、商场、
舞台、住宅，也可用于浴室，起防滑作用

塑料地毯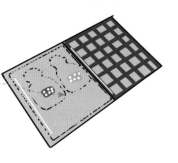

→水草编织而成，有着自然气息，触感
清新凉爽，环保健康无污染，经济实用，
美观大方

草编地毯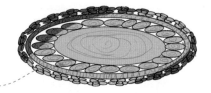

## ★装修小贴士

**地毯清洗基本方法**

1. 干洗

(1) 干性提取清除法　将溶剂、乳化剂、水和洗涤剂等混合物喷洒在地毯表面，
经洗涤设备刷进地毯绒头中进行旋转洗涤，30分钟后吸去混合物及尘土。

(2) 泡沫干洗　泡沫干洗机将大量洗涤剂喷洒在毯面绒头上，清洁完绒头之后
用吸尘吸水机吸去洗涤泡沫及悬浮尘土。

干洗属表面清洗，可以使地毯表面恢复清洁，但并没有除去深藏在地毯里层的
污垢，要想彻底清洁必须进行湿洗。

2. 湿洗

(1) 蒸汽清洗法　使用特制的蒸汽干洗地毯机，将一种水与清洁液混合而成的
蒸汽溶剂喷洒于地毯上，后经机械摆动刷搅动，使污垢脱离地毯纤维悬浮于该溶剂中，
通过植入式真空吸头清除污垢。

(2) 喷吸清洗法　将热水和洗涤剂喷射到地毯上，使用配有旋转或振荡刷子的
地毯洗涤设备，将污垢从纤维中分离出来，而后吸走。

# 6.3　窗帘桌布巧搭配

## 6.3.1　巧妙搭配窗帘

🅠 窗帘的各种材质都有什么特点？

🅐 棉窗帘柔软舒适，棉麻窗帘典雅贵重，绸缎窗帘豪华富丽，纱帘柔软飘逸，塑料窗帘防水耐用，各有千秋。

🅠 客厅、卧室、浴室以及厨房应该选用什么材质的窗帘？

🅐 客厅可以选择豪华、美观的面料；卧室窗帘则要求厚质、温馨、安全，以保证生活隐私性及安逸睡眠；浴室、厨房要选择实用性比较强且容易洗涤的布料，风格力求简单。

橙色窗帘

白底蓝花窗帘
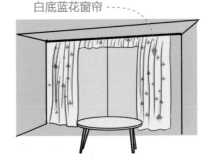

↑墙壁是白色或淡象牙色，家具是黄色或灰色时，窗帘宜选用橙色

↑墙壁是浅蓝色，家具是浅黄色时，窗帘可选用白底蓝花花色

黄色或金黄色窗帘

绿色或草绿色窗帘

↑墙壁是黄色或浅黄色，家具是紫色、黑色或棕色时，窗帘选用黄色或金黄色

↑墙壁是浅湖绿色，家具是黄色、绿色或咖啡色时，窗帘选用中绿色或草绿色

## 6.3.2　简单或烦琐的窗帘样式

### 1. 百叶式窗帘

百叶式窗帘有水平式和垂直式两种，由横向或竖向的板条组成，只要稍微改变一下板条的旋转角度，就能改变窗帘的采光与通风。板条有木质、钢质、纸质、铝合金、塑料等材质。

### 2. 卷筒式窗帘

卷筒式窗帘节省空间、简洁素雅、开关自如、有多种形式，有利用链条或电动机升降的，也有小型弹簧式卷筒窗帘，可手动开合。

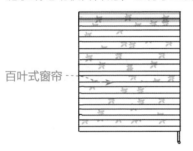

百叶式窗帘

卷筒式窗帘

### 3. 折叠式窗帘

折叠式窗帘与卷筒式窗帘构造相差无几，一拉即下降，有所不同的是，收起的时候，窗帘并不像卷筒式窗帘那样完全缩进卷筒内，而是从下面一段段打褶后升上来。

### 4. 垂挂式窗帘

垂挂式窗帘组成复杂，由窗帘轨道、挂帘杆、窗帘楣幔、窗帘、吊件、窗帘缨和配饰五金件等组成。老式的窗帘有窗帘盒设计，现已被无窗帘盒的套管式窗帘所替代。

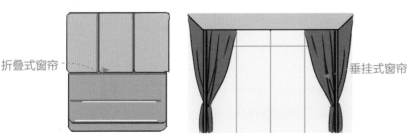

折叠式窗帘

垂挂式窗帘

### 6.3.3 简单或烦琐的桌布样式

餐桌上铺设桌布或者桌旗，不仅可以美化餐厅，还可以调节进餐时的气氛。餐桌布艺的颜色需要与餐具、餐桌椅的色调相搭配，甚至要与空间的整体装饰相协调。

1. 根据设计风格搭配

简约风格适合用白色或无色效果的桌布，如果餐厅整体色彩单调，也可以用颜色较跳脱的桌布，给人眼前一亮的感受；田园风格适合选择格纹或小碎花图案的桌布，显得既清新又随意；中式风格桌布要体现中国元素，如青花瓷、福禄寿喜等图案。

→搭配与装修风格相符的桌旗，瞬间提升了空间的格调，让软装与家具布置更显高雅

2. 根据用餐场合搭配

正式的宴会场合，要选择质感较好、垂坠感强、色彩较为素雅的桌布，显得大方。随意一些的聚餐场合，如家庭聚餐，或者在家举行的小聚会，适合选择色彩与图案较活泼的印花桌布。

→圆形餐桌搭配圆形桌布，桌布的颜色和图案都不必太夸张，垂坠感强，突显出质感

### 3. 根据色彩搭配

深色的桌布搭配浅色的餐具，能够突现出餐具的质感。纯度和饱和度都很高的桌布非常吸引眼球，但也会给人带来视觉疲劳。因此一定要在其他位置使用同色系饰品进行呼应、烘托。

→同色系桌布搭配同色系的餐具，简约
而不失优雅，十分和谐

### 4. 根据餐桌形状搭配

如果是圆形餐桌，在搭配桌布时，适合在底层铺带有绣花边角的大桌布，上层再铺上一块小桌布，整体搭配起来华丽而优雅。正方形餐桌可先铺一块大的正方形桌布，上面再铺一小块正方形的桌布。

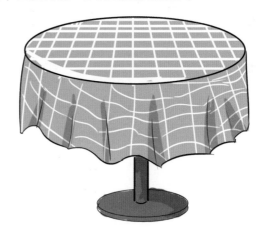

→如果圆形餐桌尺寸较大，
可以搭配方格纹桌布，在视
觉上会让圆形餐桌变得更有
秩序感

# 6.4 抱枕床品很重要

## 6.4.1 有趣的抱枕造型

🅠 平常见得最多的是正方形、圆形、长方形、三角形等常规形状的抱枕，除此之外，还有别的样式吗？

🅐 有啊，抱枕的造型可丰富了！还有各种玩偶造型或是装饰品造型的抱枕。

🅠 窗帘、桌布都可以根据尺寸定做，抱枕也可以吗？

🅐 当然可以！抱枕也是可以根据自身需要来定做的，甚至可以定做喜欢的自拍照抱枕呢。

→造型有趣，作为点缀抱枕比较合适，能够突出主题

圆形抱枕

→抱枕造型丰富，除了五角星形，还有各种玩偶造型或是装饰品造型，甚至还可以根据自身需要定做

五角星形抱枕

圆柱状抱枕

→圆柱状抱枕一般用于宽大的扶手椅，在中式风格的装修中较为常见，可与其他类型的抱枕组合使用

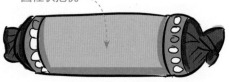

## 6.4.2 这样摆放抱枕

### 1. 对称摆设

摆放时根据沙发的大小分为"1 + 1""2 + 2"或"3 + 3"等情况。注意摆设时除了数量和大小对称，色彩和款式上也应该尽量选择对称。

"2+2"摆放

→几个不同的抱枕堆叠在一起，会让人觉得很拥挤、凌乱。最简单的方法便是将它们都对称摆放，这样可以给人整齐有序的感觉

### 2. 不对称摆设

如果觉得把抱枕对称摆设有点乏味，还可以选择两种更具个性的不对称摆法：一种是"3 + 1"摆放，另一种是"3 + 0"摆放。

"3+1"摆放

→在沙发的一侧摆放三个抱枕，另一侧摆放一个抱枕。且"1"要和"3"中的某个抱枕的大小款式保持一致，以实现视觉平衡

"3+0"摆放

→将 3 个抱枕集中摆放至沙发一侧，适合古典妃椅或者小规格的沙发

### 3. 远大近小摆设

远大近小是指越靠近沙发中部，摆放的抱枕应越小。这是因为从视觉效果来看，离视线越远，物体看起来越小，反之，物体看起来越大。

→大尺寸抱枕放在沙发两侧边角处，可以解决沙发两侧坐感欠佳的问题

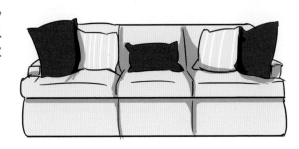

### 4. 里大外小摆设

有的沙发座位进深比较深，这种情况通常需要由里至外摆放几层抱枕，布置时应遵循里大外小的原则。如此一来，整个沙发不仅看起来层次分明，还最大限度地照顾到了舒适性要求。

→在最靠近沙发靠背的地方摆放大一些的方形抱枕，在大抱枕前方中央摆放相对小的方形抱枕

**★装修小贴士**

**布艺装饰要点**

注重整体风格一致；以家具为参照标杆；准确把握尺寸大小；面料与使用功能统一；不同布艺之间取得和谐。

## 6.4.3 不可或缺的床品

1. 床罩

床罩是平铺覆盖在被子上的床品，面料有硬花棉布、色织条格布、提花呢、印花软缎、腈纶簇绒、丙纶簇绒、泡泡纱等许多种。但床罩的面料不宜太薄，网眼不宜过大，图案和色彩应与墙面、窗帘相协调。

2. 床单

床单应该选择淡雅一些的图案。近年来自然色更显时尚，如沙土色、白色和绿色等。

3. 被套

被套一般选用纯棉材料，因为被套和人的肌肤贴近，而纯棉制品吸汗、透气。

4. 枕套

枕套款式较多，有网扣、绣花、印花、提花、补花、拼布等；有镶边的、带穗的；有双人枕套，也有单人的。枕套面料以轻柔为优，且其色彩、质地、图案等应与床单相同或近似。

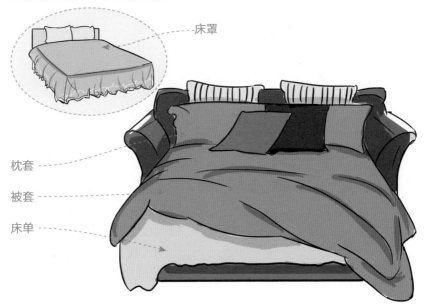

床罩

枕套

被套

床单

# 6.5 案例解析——时尚高级范儿空间

酒店属于高级公共住宅空间，酒店的软装设计对住宅软装设计有很大启发，可以通过酒店案例明确住宅软装的设计方向。

酒店软装陈设注重精致的细节，主要体现在三个方面：一是强调材质对比，将质地浑厚的布艺饰品与高反射金属制品相搭配，质感不同，对比强烈，能吸引人的目光；二是软装陈设大多为定制产品，很难在公开出售的市场产品中找到，需要关注酒店用品的购买渠道，或模仿着自行搭配；三是每件软装陈设都表现出明显的地域特色，将当地人文风情特色体现在陈设品的形体、材质、色彩等细节中。除此之外，还要注重实用性与装饰性的结合，酒店无论多么重视装饰效果，多追求"星级"档次，多吸引消费者的眼球，实用性是永远的基础，是软装设计的绝对核心。

↑泰国曼谷香格里拉酒店

泰国风格客房

浴室

↑房间以传统泰国风格为主，有深色条形柚木装饰与床头壁画

↑整体采用暖色调，蜡烛与鲜花独具浪漫气息。家具线条流畅，墙面纹饰有特点又不过于浮夸

　　高舒适度是曼谷香格里拉酒店所有客房的首要标准，一切设施都以此为目标。酒店客房将经典纽约风格与现代风情完美融合，给人留下深刻的印象。配备高品质的家具和设施，尽可能满足消费者的需求。墙面贴挂丝织品，与泰国寺庙中的图案有异曲同工之妙，床褥铺以埃及棉床单，办公桌给人以复古感。从落地窗向外远眺，城市景致尽收眼底。

结合纽约风格与现代风情的客房

→主要家具为深色，是空间的主题色，深色家具与墙面等其他位置的颜色形成对比

卧室是整套客房中最具私密性的房间，优雅的宝蓝色一向给人高贵清冷的感觉。卧室的设计重心是床，空间的装修风格、色彩和装饰，一切都以床为中心而展开。住宅装修时，也应该安排好床在卧室中的位置，卧室设计的其余部分也就随之展开。

竖向条纹壁毯作为床头背景墙装饰

锥桶形床头灯体现出明显的地域特色

多个抱枕与暖黄色的被套床单搭配却不显杂乱

条纹床尾巾与浅色床品形成对比，风格上也是突出地域特色

↑卧室床头的壁毯与主体家具的色彩纹理相匹配，床头灯造型体现出地域特色，床品布艺色彩柔和，用同色系不同明度塑造层次，色彩表现手法细腻

**★装修小贴士**

**客房配色头轻脚重**

客房要满足更多人的审美需求，就应当在配色上找准共性规律，色彩搭配以顶棚白色、墙面浅色、地面深色为主，如果地面配置浅色，那么应当考虑局部铺装深色地毯。家具颜色偏深，能提升整体空间的稳重感。

# 第7章

## 绿植花艺多姿多彩

锦上添花的绿植花艺

如何快速准确地挑选花器

如何布置绿植与花艺

案例解析——现代简约风格空间

学习难度：★★☆☆☆

重点概念：花艺、花器、布置

章节导读：花艺是一种利用各种适合在室内栽植的花卉美化环境的方法。室内花艺是一项具有较高美学价值的艺术创作。花艺不是植物材料的简单堆砌，而是在满足植物生态习性的基础上，对植物造型进行艺术创作，营造出美丽、优雅、舒适的环境。室内的一切布置装饰都应体现业主的喜好和品位，花艺作为室内装饰的一项内容，也不例外，应考虑业主的年龄、职业、性格等。如果业主是老人，植物造型应素雅庄重。如果业主是年轻人，可以选择色彩清新明快的观花、观叶植物，如色彩艳丽的月季、郁金香、向日葵等。

# 7.1　锦上添花的绿植花艺

**Ⓠ** 用花艺摆设来规划室内空间，具有很高的自由度，灵活可控，能提高空间的利用率。但是空间设计风格变化多样，又极具个性，摆放花艺会不会显得非常突兀？

**Ⓐ** 不会，花艺的种类非常多，其色彩、造型、摆设方式如果能与环境空间及业主的气质品位相融合，可以使空间变得更加优雅、精致。

在快节奏的城市生活环境中，人们很难享受到大自然带来的宁静和清爽。因此人们才将花卉搬进了室内，使人们在室内空间也能够贴近自然、放松身心、享受宁静、舒缓心理压力和消除紧张的工作所带来的疲惫感。

↑家庭空间中的绿化植物应当以观叶植物为主，对采光要求不高，放置在哪里都容易成活

# 7.2 如何快速准确地挑选花器

## 7.2.1 令人眼花缭乱的花器

🅠 花器虽然没有鲜花娇艳美丽，但美丽的鲜花如果少了花器的陪衬必定逊色许多。单从材质上来看，可以选择哪些材质的花器呢？

🅐 根据材质分类的话，花器有玻璃花器、陶瓷花器、树脂花器、金属花器、草编花器等类型，种类繁多，这里就不一一列举了。

陶瓷花器

玻璃花器

↓浓郁的田园气息，质感轻盈，搭配小石榴非常可爱，适合放在任何地方

←造型、颜色多变，适合古典风格、简约风格、复古风格的空间

←玻璃容器插上水培植物，适合北欧风格的空间

草编花器

铜制花器

铁艺花器

←花卉能被花器衬托得更具光彩，兼具现代与复古风情

→表面质感粗糙，适合栽种小型植物，如生命力极强的仙人掌等

混凝土花器

→造型简约时尚，非常适合现代风格的空间

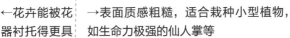
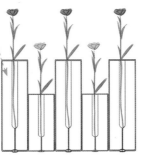

## 7.2.2 如何选搭花器

### 1. 花器与花

如果空间中的装饰已经比较纷繁多样了，可以选择造型图案简单、表面无反光的花器，如原木色陶土盆、黑色或白色的陶瓷盆等，这样更能突出鲜花，让鲜花成为主角。如果想要装饰性比较强的花器，则要充分考虑空间整体风格与色彩搭配等问题。

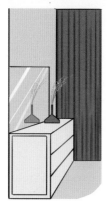

↑鲜花没有过多的修饰，造型简洁优美，花器简洁且无反光

↑如果以鲜花为主角，则鲜花整体造型应当绚丽、膨大，吸引人的视线，成为视觉中心。花器为配角，可能花器不小，但视觉上应稍微显小些

↑背景为典型的新中式风格，花器素雅且不可打乱空间静谧的氛围，中式插花搭配中式陶瓷，使空间更显静美

### 2. 花器的颜色

无论花器质感如何、大小形状如何，花器本身的颜色是最直观的特征。

→黑、白、灰、金、银等中性色的花器可以与任何颜色的鲜花搭配

←浅色系、透明的花器可以与邻近色的鲜花搭配

→颜色鲜艳的花器会产生膨胀的视觉效果，搭配鲜花时，可以尝试邻近色搭配法，如红色和橘色；同类色配法，如草绿和橄榄绿；互补色配法，如黄色和紫色，不同的搭配能带给人完全不同的视觉感受

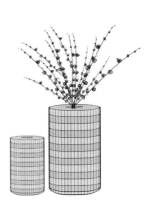

## 3. 花器的尺寸

如果花艺摆放在有一定高度的桌子上，如茶几、餐桌上，则以高度为 10 ~ 20cm 的花器为好。因为从花器口开始往上算，鲜花的高度大致是花器的一半或是与花器高度差不多。以 18cm 高的花器来计算，花艺作品完成后，高度在 36cm 左右，这个高度的花艺是否会在我们坐在桌边时遮挡视线？如果答案是肯定的，那么这个花器的高度就与这个位置不匹配。

高 10cm 的花器　　高 19cm 的花器

←床头柜上的花器：同是床头柜，二者的摆放位置相同。在左侧较高的床头柜选择摆放小花器，突出床头柜的形体较高大。右侧矮柜则摆放较高的花器，较高的器能提高床头柜的视觉高度。花器的"高"配床头柜的"矮"，让视觉比例比较均衡、和谐

→茶几上的花器：左侧茶几造型简约，尤其是底部的金属支架，好似"不堪重负"，因此选择了一款较小巧、轻便的花器，更突显茶几简约、极具个性的特点。右侧造型简单的茶几则搭配了一款较高大的花器

高 25cm 的花器

高 10cm 的花器

# 7.3　如何布置绿植与花艺

## 7.3.1　空间格局与花艺布置

Ⓠ 为何将花艺放在卧室和卫生间会是两种完全不同的效果?

Ⓐ 卧室的花艺必定是温馨、浪漫且具有阵阵花香的感觉，而卫生间则会让人更多地联想到清新，由此可见花艺在不同空间内会有不同的装饰效果。

→将花卉主题作品挂在玄关的墙面上，能让人眼前一亮，但应当尽量选择简洁淡雅的插花作品相搭配

★装修小贴士

**插花配置方法**

　　在插花设计中，大花应该配小花，如主花为玫瑰，副花应配剑兰；主花为大丽花，副花配非洲菊会适合；主花为百合花，副花配玉簪花会更美。不能用形态相似的花互相配，否则就会主次不清。深色应该配浅色，如果主花的颜色是深红色的，副花应配淡红色，要是取一样的深红色，或者副花比主花的颜色更深，那就很容易造成喧宾夺主的效果。

## 7.3.2　感官效果与花艺布置

花艺是否合适需要看人的感官体验和需要。餐桌上不宜使用气味过分浓烈的鲜花或干花，气味很可能会影响用餐者的食欲。丽格秋海棠、报春花、非洲紫罗兰、香豌豆花、富贵竹等更适合装饰餐桌。

←餐桌花艺
花艺应和餐巾、台布的色调一致；
花粉易落、植株太高、有异味的植物均会影响用餐；
植株不能太高，避免妨碍用餐者与对面人的视线交流

卧室、书房等场所适合配以淡雅的花卉，如铃兰、马蹄莲、小雏菊、扶郎、满天星、绣球、桔梗、花毛茛、非洲菊、玫瑰花等。淡雅的花艺能使人心情舒畅，也有助于放松精神，缓解疲劳。

←卧室花艺
床头柜适合摆放小型花艺，窗台适合摆放中小型花艺；
卧室面积较大，可摆放悬垂式花艺，设置吊篮或吊盆；
应根据卧室家具及其他软装的色彩来选定花艺色调

### 7.3.3 空间风格与花艺布置

花艺一般可以分为中式风格与欧式风格，中式风格更追求意境，喜欢使用淡雅的颜色，而欧式风格更喜欢强调色彩的装饰效果，如油画一般浓墨重彩。选择何种花艺，需要根据空间设计的风格来判断，如果选择不当，则花艺会显得格格不入。

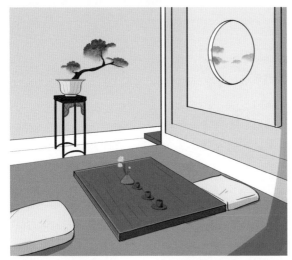

←中式风格花艺：花枝少，色彩浅，以优雅见长，注重写意感，形式美得如山水画般

←欧式风格花艺：花枝数量多，色彩浓厚且对比强烈，注重花艺外形，追求块面和整体的艺术效果。构图多为对称式、均齐式，给人雍容华贵、端庄大方、热情奔放的感觉

## 7.3.4  花艺的材质

### 1. 鲜花类

鲜花类包括鲜花、切叶。鲜花色彩亮丽，且植物本身的光合作用能够净化空气，花香味能给人愉快的感受，让室内充满大自然的气息，但是鲜花类花艺的保存时间短，而且成本较高。

香豌豆花束

插花（风铃草、月季、芒叶）

浪漫捧花（粉色绣球、雪山玫瑰、花毛莨和尤加利叶）

### 2. 干花类

干花是新鲜的植物经过加工制作而成的、可长期存放、有独特风格的花艺装饰，干花一般保留了新鲜植物的香气，同时保持着植物原有的颜色和形态。与鲜花相比，干花能长期保存，但是缺少生命力，色泽感较差。

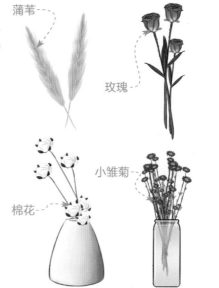

蒲苇

玫瑰

小雏菊

棉花

### 3. 仿真花

仿真花是使用布料、塑料、网纱等材料，模仿鲜花制作的人造花。仿真花能再现鲜花的美，价格实惠并且可长久保存，但是并没有鲜花与干花的自然气息。

## 7.3.5 花艺的采光方式

不同的采光方式会带给人不同的心理感受，要想更好地表现出花艺的意境和内涵，就要利用好光影使二者相得益彰。

↑从上方直射下来的光线会使花艺显得比较呆板

↑侧光会显得花束紧凑浓密，并且会由于光照的角度不同而形成明暗不同的对比效果

↑光线完全从花艺的下方直射上来，会使花艺有一种飘浮感和神秘感

# 7.4　案例解析——现代简约风格空间

　　客厅整体颜色较为素净，但用了蓝色与黄色进行对比，为客厅增添了活力。

↑客厅正面：简单时尚的造型给人清爽的感觉，就算是炎炎夏日，也不容易让人感觉到烦躁。深色给人沉稳的感觉，又显得特别大气。白色的家具让空间充满创意，给人高端上档次的感觉

↑客厅与走廊：在装饰上，用木饰面、镜面、玻璃来诠释现代极简空间的结构美与时尚特性，显得整个客厅整洁、利落

黑白装饰画韵味深厚

白色钢板楼梯轻巧简单

蓝色椅子搭配黑色小茶几,惬意舒适

黑色的大理石地面,非常大气

↑ 侧面楼梯

↑ 餐厅的白色桌椅搭配不规则的北欧风格吊灯,让用餐变得富有仪式感

↑ 餐具带有复古风,铁艺做旧烛台搭配青绿色的绣球,华贵中带有一丝靓丽

# 第8章

## 魔光幻影的装饰灯具

功能强大的灯光与灯具

灯具造型与材质

灯具搭配有讲究

案例解析——精致艺术感空间

学习难度：★☆☆☆☆

重点概念：灯光、灯具

章节导读：灯是现代居家生活必不可少的照明工具，灯光是一种空间修饰语言，可以将空间烘托得更具风情。灯具的选择是软装设计中非常重要的一部分，很多情况下，灯具会成为一个空间的亮点，每个灯具都应该被看作是一件艺术品，它所投射出的灯光可以使空间的格调获得大幅提升。不同的灯具与不同的室内环境结合，能够形成不同风格的室内情调和环境气氛。应该首先考虑灯具的功能性，要方便好用；其次考虑经济性及艺术性，切忌单纯追求外形而忽略了灯具本身的功能。

# 8.1　功能强大的灯光与灯具

Ⓠ 没有了灯光，夜晚室内将漆黑一片，灯光对于空间设计来说，非常重要吧？

Ⓐ 是的，尤其是在室内，灯具还被亲切地称为家居的眼睛呢！现如今，灯具的作用不仅是照明，还可以用来装饰空间。

↑选择灯具的造型时，要考虑整体装修风格，灯具造型要与墙面装饰画、家具相匹配，灯具安装后的高度不能太低，距离地面不小于 2m

# 8.2　灯具造型与材质

## 8.2.1　不同造型的灯

🅠 常见的灯具有吊灯、吸顶灯、壁灯、镜前灯、射灯和筒灯，这些灯都是安装在固定的位置，不可以移动，那装饰效果会很单一吗？

🅐 不会，可以搭配落地灯、台灯和烛台等移动照明，形成丰富的照明效果，移动灯具不需要固定安装，可以根据需要自由放置。

多头吊灯

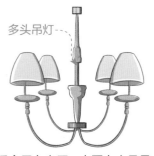

↑适合用在客厅，主要有水晶吊灯、烛台吊灯、中式吊灯、时尚吊灯四种

←多用于卧室、餐厅，多个单头吊灯也能组成吊灯组

单头吊灯

吸顶灯

↑完全紧贴顶棚，适合较低空间

壁灯

←用于辅助照明，有双头玉兰壁灯、玉柱壁灯等

镜前灯

←配合镜子一起使用，增强局部亮度

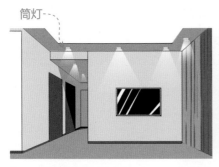

筒灯

↑用于普通照明或辅助照明，一般在过道、卧室及客厅使用

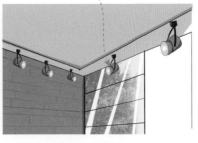

射灯

↑用于特殊照明，如强调某个很有品位或是很有新意的地方

↓与沙发、茶几配合使用，对墙角进行照明

↓与台柜配合使用，对墙面、桌面进行照明

↓与书桌配合使用，对书写、阅读面进行照明

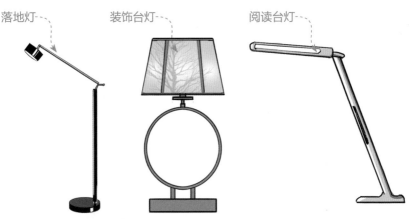

落地灯

装饰台灯

阅读台灯

★装修小贴士

**灯具选择要关注亮度**

　　中高档灯具的发光部件是不能随意更换的，需要找厂家更换或维修，亮度不佳的灯具在使用过程中会给人造成很大不便，因此选择灯具时要注意灯具的照明亮度是否符合使用需求，不能寄希望于买回来后再更换发光部件。

## 8.2.2  不同材质的灯

灯具按照材质分类，可以分为水晶灯、铜艺灯、铁艺灯、羊皮灯等类型，选择时可以根据装饰风格类型和价格定位来确定灯具的材质。

-水晶灯

↑水晶灯给人绚丽、高贵、梦幻的感觉

铜艺灯----

↑具有独特的质感，且一盏优质的铜灯是具有收藏价值的

↓浓浓的复古风，灯的支架和灯罩都是用最为传统的铁艺制作而成

铁艺灯----

↓用羊皮纸制作而成，中式风格的空间用得较多

羊皮灯----

# 8.3 灯具搭配有讲究

1. 明确灯具的装饰作用

在给灯具选型时，首先要确定这个灯具在空间里扮演什么样的角色，接着就要考虑这个灯具是什么风格、什么规格、什么颜色等问题，这些影响到空间的整体氛围。

2. 考虑灯具的风格统一

在较大的空间里，如果需要使用多种灯具，就应考虑风格统一的问题。

3. 判断一个房间的灯具是否足够

各类灯具在同一个空间里要互相配合，有些负责提供主要照明，有些负责营造气氛。

4. 利用灯具突出饰品

如果是想突出饰品本身且不要有灯具造型的干扰，那么内嵌筒灯是最佳的选择，这是现代简约风格的手法。

↑空间以白色为主，白色的欧式家具搭配水晶吊灯、水晶壁灯、欧式台灯，营造出童话般的效果

↑人想坐在沙发上看书，只有吊灯是无法满足照明需求的。可以在沙发两侧安置落地灯，大大满足了照明需求

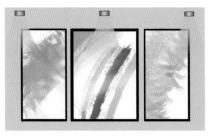

←可以将饰品和台灯一起陈列在桌面上，也可以将挂画和筒灯一起排列在墙面上

**灯具搭配小技巧**

　　蓝色墙面搭配蓝色灯具、浅色灯光、浅色家具，这样的环境有开朗心境、舒适心情的效力。绿色墙壁搭配绿色灯具与暖色灯光，放置栗色或橄榄色家具，给人以宁静、清爽的感觉，使人精神放松。家具、灯具均选用土黄色，给人以稳重感，适用于小面积房间。浅黄墙面、橙色灯具、浅色灯光、浅色家具，能给人带来温暖感。

# 8.4　案例解析——精致艺术感空间

## 1. 服装店设计

-- 橙色与绿色的结合

↓服装区的服装少而精致，暖色灯光与橙色墙面相呼应，使得服装更具高级感和质感

↑服装店的设计较为简洁，橙色与绿色的结合使整个服装店充满活力，而这两种颜色也能激发消费者的购买欲望，沙发设计为简洁风格

--- 服装区

## 2. 现代客厅设计

空间整体散发着优雅清爽的气息，能感受到业主的儒雅气质，蓝色与绿色运用得当。

褐色梅花图案窗帘

麋鹿樱花主题装饰画

灰色布艺沙发搭配素色抱枕

茶几花艺造型独特

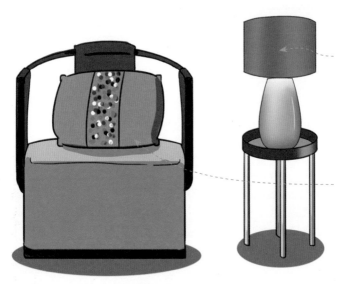

陶瓷底座的台灯，散发出古朴典雅的气息

椅子搭配的抱枕非常精致，墨绿绒布面料与立体刺绣相结合，优雅迷人

# 第9章

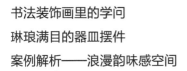

## 陈设艺术里的
## 学问

书法装饰画里的学问

琳琅满目的器皿摆件

案例解析——浪漫韵味感空间

学习难度：★★☆☆☆

重点概念：书画、器皿

章节导读：工艺饰品是每一个家庭中都必不可少的装饰元素，体积虽小，但能起到画龙点睛的作用。室内空间有了工艺饰品的点缀，才能呈现更完整的风格效果。如果客厅墙面没有什么装饰，就会显得冷清，可以在墙壁上挂上寓意较好的字画或照片，能营造富贵温馨的气息。

# 9.1 书法装饰画里的学问

## 9.1.1 书法作品

**Q** 你知道哪些关于挂字画的注意事项吗？

**A** 沙发顶上的字画宜横不宜竖，如果字画与沙发形成两条平衡的横线，那便是相辅相成了，恰到好处。

**Q** 我知道选择的字画一定要是有格调和气势的，且还要具有一定的观赏价值，那我在墙面上挂满字画岂不是更好？

**A** 并非如此，恰恰相反，字画的数量宜少不宜多，一般一至两幅就足够了。挂字画的时候一定要注意采光，字画的高度以其中心在人直立时水平视线偏高的位置上为佳，过高过低都不合适。

→玄关和走廊多设有斗柜和竖幅字画作品，如果挂画位置下方没有桌椅、沙发等家具阻挡，竖幅字画应距地面 1200mm 左右，防止磕碰

## 9.1.2　装饰画

目前市场上常见的装饰画品种有摄影画、油画、水彩画、水墨画、挂毯画、丙烯画、镶嵌画、铜版画、玻璃画、竹编画、剪纸画、木刻画等。各类装饰画表现的题材和艺术风格不同，选购时要注意搭配，看是否符合自己的需要。

生动逼真的摄影画

古朴典雅的丙烯画
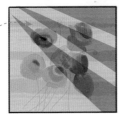

贵族气质的油画

现代新贵挂毯画

古色古香的水墨画

现代时尚的水彩画

# 9.2 琳琅满目的器皿摆件

## 9.2.1 厨房餐具

💬 琳琅满目的餐具令人眼花缭乱,我们又该如何挑选餐具呢?

🅰 目前市场上的餐具材质大致可以分为陶制品、骨瓷制品、白瓷制品、强化瓷制品、强化琉璃瓷制品、水晶制品等。一看釉色,选择优质的釉上彩,内壁最好没有彩绘,金银装饰部位无脱色;二摸釉面,选择光滑平整、色泽光润的;三敲击,声音清脆即品质好;四光照,灯光下看要有透明感,厚度均匀。

‥‥‥‥‥可爱、清新、Ins 风格的骨瓷餐盘

‥‥‥‥‥禅意日式风格的粗陶碗

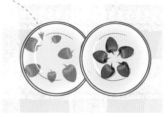

↑ 质感轻薄,釉面光滑,通透润泽且耐高温

↑ 食器自然质朴,自然无饰更能体现食物的美味

‥‥‥‥‥新中式古典风格的陶瓷餐盘

‥‥‥‥‥高端、复古、法式乡村风格的骨瓷餐盘

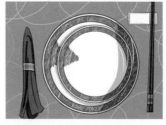

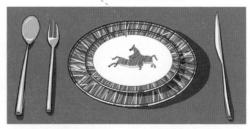

↑ 独具匠心的青花瓷釉上彩,圆形的平盘花纹鲜活灵动、艺术感十足

↑ 唯美的宫廷风意境,经典怀旧的仕马图,细致温润的线条设计,让餐桌充满大气雍容的贵族范

## 9.2.2　如何保养陶瓷制品

↑手洗或选择有"瓷器及水晶"类洗涤功能的洗碗机

↑尽量用软布擦洗，以防损伤瓷质

↑适量温水清洗，避免冷热交替

↑不要直接堆叠存放，以防碎裂

↑切勿长时间浸泡脏水或强光直射，清洗后及时干燥保存

↑出于健康考虑，花色靓丽的瓷具不要长时间盛装酸性物质

## 9.2.3 装饰摆件

装饰摆件就是平常用来装饰居室的摆设品，按照材质的不同分为木质装饰摆件、陶瓷装饰摆件、金属装饰摆件、树脂装饰摆件、玻璃装饰摆件等。

木质装饰摆件—欧式胡桃夹子木偶士兵

陶瓷装饰摆件—新中式陶瓷储物罐

金属装饰摆件—美式仿真小鸟

树脂装饰摆件—美式麋鹿工艺品

玻璃装饰摆件—北欧风水滴形玻璃沙漏

## 9.2.4 家居工艺饰品布置原则

合理的工艺饰品布置方式能给人愉悦感，更能丰富居家情调。布置家居工艺饰品时，不必期望一步到位，可以尝试多调整角度，直到找到最满意的摆放位置。

↑对称摆放：中式风格家居多采用对称式布局，这里以木雕摆件为中轴线，两侧靠枕呈对称式摆放，整齐、清新

→层次分明摆放：木架上琳琅满目的装饰品层层摆放，层次感分明，别有一番美感

↑多角度摆放：三幅装饰画尺寸大小不一，但风格统一，摆放方式打破了对称布局，有一种和谐的韵律感和另类的时尚感

↑同类风格摆放：同一风格的几种装饰品，如花瓶、新式古钟、新式八音盒摆在一起，饰品种类不要超过三种，装饰效果会极佳

# 9.3 案例解析——浪漫韵味感空间

## 9.3.1 乡村风格酒吧空间

　　一些人在工作之余，喜欢到酒吧等休闲娱乐场所放松心情。酒吧既然是娱乐的场所，那么就一定要通过环境来调动人的情绪，最好是可以刺激人们进行消费。酒吧环境在色彩上可以艳丽，也可以低调，灯光、音乐、屏幕等都要富有特点，让人置身其中，能够体验一场不一样的视听盛宴。

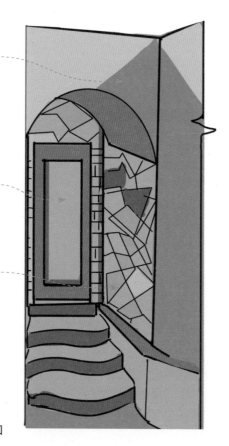

墙体用砖石打造出深厚的历史感。在很多人的概念里，酒吧往往大气奢华，但该酒吧的设计低调却不失其韵味

蜿蜒而入的走廊，似乎带着顾客进入了一个神秘的世界

该酒吧入口设计得极具特色，拱形的石门增加了酒吧的神秘感

→酒吧入口

酒吧装修通常会选择金属、木质、布艺等材料，虽然不是什么贵重的东西，但是装修效果却非常好

可以大胆尝试各种各样的材料用于酒吧装修，关键是要将肌理效果调节好，给人视觉上的冲击力，让人被酒吧的环境所吸引

↑ 酒吧出入口　　　　↓ 酒吧楼梯口

酒吧整体色调为温馨浪漫的颜色，浅色系的颜色使用得多一点，但也不是单纯的颜色拼凑

酒吧的墙面为浅色，家具也大多为浅色系，且材质为木材，质朴感中透露出温馨浪漫的感觉

←酒吧包间：包间的氛围更具有亲和力，包间中的桌椅也可以加入一些富有创意的设计，可以去市场上寻找，也可以充分发挥自己的聪明才智，设计出独一无二的、专属于自己的桌椅

　　酒吧是人群汇集的场所，这里的人尽管身份不同，但是来到这里都是为了放松、享受、倾听优美的音乐。富有创意的酒吧会让进入其中的人立刻感受到这里的与众不同之处，第一秒就爱上这里。

→酒吧楼梯：在国外，酒吧最初是人们聚集的场所，主要集中在一些乡村等地区，装修并不豪华，但是非常接地气，所以要想让酒吧更富有特色，那么不要忘了这点，让其带有一定的乡村气息

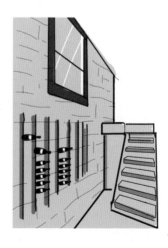

## 9.3.2　开放式厨房空间

开放式厨房是充满韵味的空间，能让家变得更令人依赖。随着房地产市场的不断变化，空间利用率高的开放式厨房越来越受到业主们的青睐。

视觉上扩大空间，房间使用率提高，采光通风也都好很多

吧台式厨房，实用功能强，储物空间大，有一种加州酒吧的感觉，配上两把木质高脚椅，在闲暇时还可以小酌

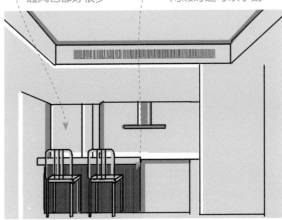

←开放式厨房：厨房采光效果非常好，能够弥补许多户型中厨房采光不足的问题。开放式厨房虽然存在油烟扩散的问题，但是现代生活节奏快，大家都追求健康饮食，大多数家庭不会频繁烹制煎炸快炒的菜肴，因此，开放式厨房的应用很广泛

→厨房花艺：厨房一角搭配一把郁郁葱葱的薰衣草，让下厨变得幸福感满满，仿佛置身大自然中

←餐桌：整套天然实木家具原木材料更环保，体现出业主对生活品质的追求

# 参考文献

[1] 刘雅培. 软装陈设与室内设计 [M]. 北京：清华大学出版社，2018.

[2] 李亮. 软装陈设设计 [M]. 南京：江苏凤凰科学技术出版社，2018.

[3] 许秀平. 室内软装设计项目教程：居住与公共空间风格 [M]. 北京：人民邮电出版社，2016.

[4] 吴卫光，乔国玲. 室内软装设计 [M]. 上海：上海人民美术出版社，2016.

[5] 招霞. 软装设计配色手册 [M]. 南京：江苏凤凰科学技术出版社，2015.

[6] 叶斌. 新家居装修与软装设计 [M]. 福州：福建科技出版社，2016.

[7] 曹祥哲. 室内陈设设计 [M]. 北京：人民邮电出版社，2015.

[8] 文健. 室内色彩、家具与陈设设计 [M]. 2 版. 北京：北京交通大学出版社，2010.

[9] 常大伟. 陈设设计 [M]. 2 版. 北京：中国青年出版社，2011.

[10] 严建中. 软装设计教程 [M]. 南京：江苏人民出版社，2013.

[11] 霍维国，霍光. 中国室内设计史 [M]. 2 版. 北京：中国建筑工业出版社，2007.

[12] 李建. 概念与空间：现代室内设计范例解析 [M]. 北京：中国建筑工业出版社，2003.

[13] 贺翔. 软装方案概念与表现 [M]. 武汉：华中科技大学出版社，2017.

[14] 潘吾华. 室内陈设艺术设计 [M]. 3 版. 北京：中国建筑工业出版社，2013.

[15] 庄荣，吴叶红. 家具与陈设 [M]. 2 版. 北京：中国建筑工业出版社，2004.

[16] 简名敏. 软装设计师手册 [M]. 南京：江苏人民出版社，2011.

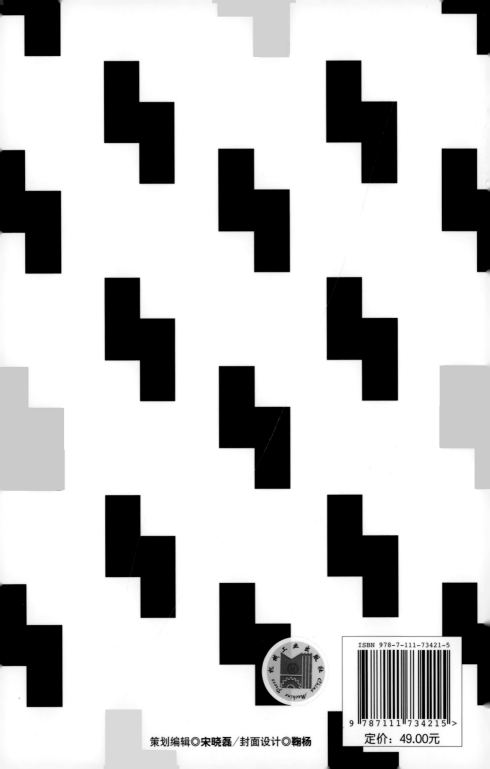

策划编辑◎宋晓磊／封面设计◎鞠杨

ISBN 978-7-111-73421-5

9 787111 734215 >

定价: 49.00元